빅뱅 - 어제가 없는 오늘

르메트르, 아인슈타인, 그리고 현대 우주론의 탄생

빅뱅-어제가 없는 오늘

존 파렐 지음 | **진선미** 옮김

YANG 양문 MOON

빅뱅-어제가 없는 오늘

초판 찍은날 2009년 6월 9일   **초판 펴낸날** 2009년 6월 17일

지은이 존 파렐 │ **옮긴이** 진선미

펴낸이 변동호
출판실장 옥두석 │ **책임편집** 이선미 · 변영신 │ **디자인** 김혜영 │ **마케팅** 김현중 │ **관리** 이정미

펴낸곳 (주)양문 │ **주소** (110-260) 서울시 종로구 가회동 172-1 덕양빌딩 2층
전화 02.742-2563~2565 │ **팩스** 02.742-2566 │ **이메일** ymbook@empal.com
출판등록 1996년 8월 17일(제1-1975호)

ISBN 978-89-87203-99-7 03400   잘못된 책은 교환해 드립니다.

절대 오류가 없는 신에게 한 가지 질문을 해야 한다면
나는 이 질문을 택할 것입니다.
"우주는 항상 정지 상태였습니까, 아니면 태초부터 시작해서 팽창해왔습니까?"
그러나 나는 또한 신께 그 대답을 말해주지 말라고 부탁할 것입니다.
다음 세대가 그 해답을 찾아가는 즐거움을 빼앗아서는 안 되기 때문입니다.

– 조르주 르메트르, 영국 과학발전협의회에 앞서 있었던 우주론에 대한 논의 중에

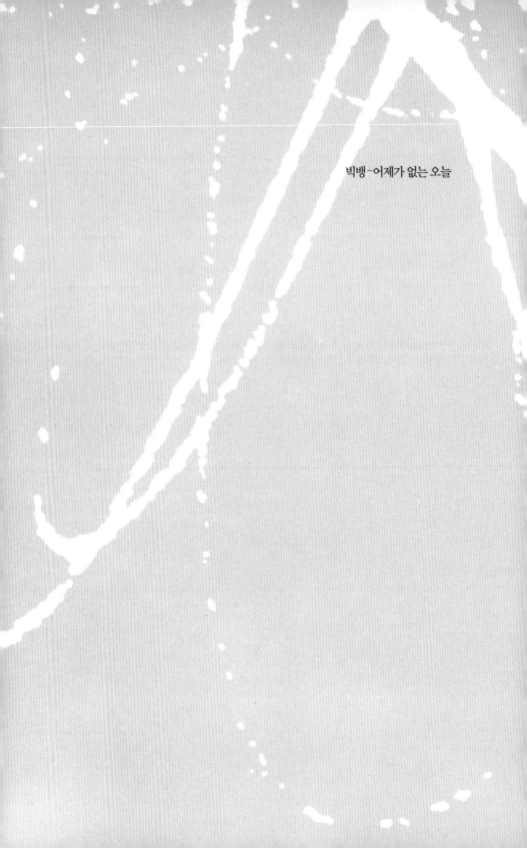

빅뱅-어제가 없는 오늘

차례

1. 르메트르, 솔베이에서 아인슈타인을 만나다

> 시공간은 아래가 뾰족한 컵에 비교할 수 있다. ……컵의 바닥은 원자핵
> 붕괴의 시작이다. 시공간의 가장 밑바닥에 있는 최초의 순간으로, 어제
> 가 없는 오늘이다. 어제가 존재할 공간이 없기 때문이다.
>
> – 조르주 르메트르, 《원시원자》

정확한 날짜는 아무도 모르지만 1927년 10월 어느 날이었다. 알베르트
아인슈타인(Albert Einstein)은 둥근 얼굴을 한 가톨릭 사제를 만나러 갔다.
새 달이 시작된 지 며칠 지나지 않은 수요일이었을 것이다. 브뤼셀의 날
씨는 서늘했으며 당시 마흔여덟 살이었던 아인슈타인은 사제복을 입은
이 괴짜 같은 사람과 자신의 연구에 관해 논쟁할 기분이 아니었다. 그러
나 두 사람은 만났다.

제5차 솔베이 물리학회의는 10월 24일 월요일에서 10월 29일 토요
일까지 열렸다. 그 한 주 동안 아인슈타인은 멀리서 벨기에의 수도까지
온 많은 물리학자들을 만날 기회가 있었다. 예를 들어 10월 26일에 아
인슈타인은 브뤼셀의 물리학연구소 회의실들 중 한 곳에 있거나 그곳에

서 그리 멀지 않은 위치에 있는 메트로폴 호텔에 있었을 것이다. 그 호텔은 20세기가 시작되기 직전에 건축된 화려한 곳으로, 넓은 방들은 거의 하루 종일을 딱딱한 강의실에서 보낸 과학자들이 휴식을 취하기에 좋은 장소였다.

솔베이 회의가 계속되던 어느 날 아인슈타인은 자신의 제자였던 아우구스트 피카르트(August Piccard)와 함께 레오폴드 공원의 오솔길을 산책하고 있었다. 피카르트는 키가 크고 넓은 이마에 검은 머리를 가진 남자로, 아인슈타인의 여러 전기 속에 실린 1927년 솔베이 회의 참가자들의 단체사진에서 뒤에 서 있는 모습으로 나온다. 베를린대학에서 피카르트가 박사학위 논문을 제출했을 때 아인슈타인이 논문의 심사위원장이었다.[1]

피카르트는 회의에서 자신의 옛 스승을 만날 수 있게 되어 행복했다. 1924년 브뤼셀에서 개최된 후 3년 만에 열리는 솔베이 회의였다. 아인슈타인은 1924년 회의에는 참석을 거부했었다. 당시 참가가 금지되었던 독일 과학자들에 대한 일종의 연대의 표시였다(전쟁 직후여서 프랑스와 벨기에 국민들 사이에는 아직 독일에 대한 냉랭한 분위기가 남아 있었다). 그러나 1927년에는 회의에 참석하여 당대의 저명한 물리학자들이 '전자와 광자' 라는 주제 아래 당시 새롭게 등장하고 있던 양자이론에 대해 토의하는 모습을 지켜보고 있었다. 전자와 광자는 지금은 누구나 한 번쯤 들어보는 단어이지만, 20세기 초반까지만 해도 과학자들에게 매우 새로운 물체였다. 원자 내부의 구조 및 소립자들에 대한 모형은 아직 정립되지 않고 있었다.

솔베이 회의의 의장이자 아인슈타인의 절친한 친구인 독일 물리학

1927년 벨기에 브뤼셀에서 열린 솔베이 국제회의에 참석한 과학자들

자 헨드리크 안툰 로렌츠(Hendrik Antoon Lorenz)가 논문 발표를 부탁했지만, 아인슈타인은 회의에서 그 주제뿐만 아니라 다른 논문도 발표하지 않았다. 사실 회의에 참석한 모든 사람이 보기에 아인슈타인은 너무 소극적인 역할만 하는 것으로 보였는데, 이는 평소와 크게 다른 모습이었다. 겉으로는 아인슈타인이 덴마크 물리학자인 닐스 보어(Niels Bohr)와 독일의 젊은 과학자 베르너 하이젠베르크(Werner Heisenberg), 그리고 양자역학이라는 물리학의 새로운 영역에 커다란 관심을 가진 다른 여러 물리학자들에게 양자역학의 발전 방향에 관한 논의를 맡긴 것으로 보였다. 아인슈타인이 이처럼 뒤로 물러나는 모습은 막스 보른(Max Born)이나 보어 같은 아인슈타인의 친구들이나 당대의 학자들에게 실망스럽게 보

였겠지만 전혀 예상 밖의 일은 아니었다.

지난 수년 동안, 아인슈타인은 양자역학에서 커다란 난제에 부딪혔다. 물리학의 한 분야가 된 양자역학은 아인슈타인이 1905년 자신을 유명하게 만든 네 개의 논문을 발표했을 때부터 발전하기 시작했다. 특히 '광전효과'에 관한 논문에서 그는 빛을 작은 에너지 덩어리 혹은 입자라는 의미의 '광자(photon)'라는 용어로 설명했다. 그때까지 물리학자들은 전자기파가 호수 표면에서 퍼져가는 물결처럼 파동으로 움직인다고 보는 19세기적 관점을 가지고 있었다. 그리고 그들은 에너지가 높은 곳에서 낮은 곳으로 연속된 스펙트럼처럼 복사된다고 생각했다. 그래서 1900년 독일의 물리학자인 막스 플랑크(Max Planck)가 실제로는 에너지가 불연속적인 묶음 형태로 복사된다는 것을 밝혔을 때 그들은 혼란에 빠질 수밖에 없었다. 플랑크는 다른 적당한 말을 찾지 못해 이를 '양자(quanta)'라고 불렀다. 1905년 아인슈타인은 이와 같은 새로운 모형을 이용해서 빛이 금속 표면으로부터 전자를 내보내는 빛의 특성을 설명했다. 이는 당구대 위에 모여 있는 당구공들이 큐볼에 부딪혀 흩어지는 형태와 비슷하다.

그러나 이것은 이미 20년 전에 끝난 문제였다. 광전효과에 대한 논문을 쓸 당시 아인슈타인은 이 이론이 새로운 물리학의 토대 중 하나가 되어 아원자(subatom: 양자, 전자 등 원자를 구성하는 입자) 세계 전체를 설명하는 모형이 만들어지리라고는 전혀 생각하지 못했다. 즉, 입자와 파동 가운데 어느 하나로만 설명하지 않는 궁극적이고 실제적 모형이다. 또한 이와 같은 새로운 물리학은 아원자 세계가 뉴턴 역학과 같은 엄격하고 결정적인 역학법칙에 의해 움직이는 것이 아니라 우연과 확률의 지배를 받는 것으로 설명한다. 그러나 아인슈타인은 아원자의 물리학이 통계와 우연에 종속되는 것을 받아들일 수 없었다. 그래서 자신의 느낌을 있는 그대로 표현한 유명한 말을 남겼다. "신은 우주를 가지고 주사위 놀이를 하지는 않는다."

1927년, 아인슈타인은 갈림길에 섰다. 그는 한동안 통일장이론 (unified theory of field)을 구축하기 위해 노력해왔다. 이는 중력의 법칙과 전자기역학의 법칙을 탄탄하고 거대한 하나의 체계로 설명하려는 이론이다. 그는 양자 반응들을 설명하는 통계학적 방법이 유용함을 인정했지만, 하이젠베르크의 불확정성원리는 받아들이지 않았다. 이 원리는 1년 전 하이젠베르크라는 젊은 독일 물리학자가 발표한 것으로, 보어도 승인한 이론이었다. 아인슈타인은 덴마크 물리학자 닐스 보어의 상보성원리에 동의하지 않았으며 양자물리학이 우주에서 가지는 의미에 대한 그의 설명도 받아들이지 않았다.

하이젠베르크는 불확정성원리가 자연의 기본적인 특성이라고 주장했다. 즉, 단순히 과학적 도구의 한계로 인해 특정한 전자의 운동이나 위치를 정확하고 객관적으로 측정하지 못한다는 의미는 아니라는 것이다. 이것은 단지 특정 입자에 어떤 객관적인 운동이나 위치가—측정되기 전까지는—원칙적으로 존재하지 않음을 의미할 뿐이다. 아인슈타인에게 이와 같은 주장은, 입고 있는 옷의 옷감을 찢은 다음 돋보기로 관찰하기 전까지는 그 속에 실과 같은 물질이 없다고 말하는 것과 같은 뜻이었다. 갑자기 과학자들은 자신이 실험하는 바로 그 대상에 종속되고, 또 그 실험의 결과는 객관적 대상 그 자체보다는 실험하는 사람이 측정하길 원하는 내용에 따라 결정되는 상황이 되었다. 아인슈타인이 보기에는 터무니없는 주장이었다.

그러나 보어는 주관주의로 보일 수도 있는 이와 같은 이론을 자신의 상보성원리와 함께 더욱 발전시켰다. 그는 아원자 세계를 두 가지 개념, 즉 파동과 입자로 설명할 수 있지만 실험만으로는 아원자 세계의 어느 한 특성만 밝힐 수 있을 뿐이며 다른 특성은 알아내지 못한다고 주장했다. 실제로 아인슈타인은 광전효과에 대한 연구에서도 빛을 분산된 입자의 개념, 즉 광자(광양자)로 설명했다. 하지만 에르빈 슈뢰딩거(Erwin Schrödinger)는 하이젠베르크가 파동의 개념으로 에너지와 물질을 설명한 것만큼 신뢰성 있는 양자역학적 모형을 개발했다. 그리고 그 모형은 잘 적용되었다. 보어는 두 가지 모두가 동등하게 가치 있는 접근방법이라고 주장했다. 양자의 세계는 파동과 입자 두 가지 모두인 동시에 그중 하나이기도 했다. 이와 같은 주장은 아인슈타인에게 과학적 원칙을 넘어서는 것으로 보였다. 그는 이것을 철학적 개념이라 생각했고, 아원자 물리학에 관한 궁극적 명제로 받아들이기는 어렵다고 여겼다.

당시에는 아무도 몰랐지만 1927년의 솔베이 회의는 양자물리학에서의 결정론이라는 주제를 두고 장기간에 걸쳐 아인슈타인과 닐스 보어 사이에 벌어질 치열한 논쟁의 신호탄으로 떠오르고 있었다. 유명한 그 논쟁은 우호적이었지만 매우 치열했으며 많은 책에서 이를 중요하게 다루었다.[2] 동료학자들의 시각에서 볼 때 궁극적으로 아인슈타인은 그 논쟁에서 졌다고 할 수 있다. 아인슈타인은 세계를 과학자들이나 그 안에서 살아가는 다른 모든 사람들의 생각 및 태도와는 별개로 존재하는 객관적 실체로 보고자 했다. 이러한 실체는 결정 가능해야 하며 원자라는 미세우주의 세계를 완전하면서도 객관적으로 설명할 수 있는 과학적 모형이 있어야 한다. 중력이라는 거대우주의 세계를 설명한 아인슈타인의 일반상대성이론이나 뉴턴의 역학이 그와 같은 과학 모형이었다.

하지만 아인슈타인이 예상하지 못했던 일반상대성이론의 문제점들이 드러나기 시작했다. 이는 솔베이 회의에 참가했던 물리학자들이 당면한 또 다른 문제였다. 분명 아인슈타인의 거대한 중력이론에는 허점이 생기고 있었다. 일반상대성이론은 전체로서의 우주를 연구하는 우주론 분야에서 난제들이 발생하기 시작했으며, 이는 분명히 해결해야 할 필요가 있었다. 그러나 아인슈타인은 편견 때문인지 그와 같은 필요성에 동의하지 않았고 솔베이 회의에 가능한 한 가벼운 마음으로 참가하기를 원했다. 하지만 회의 후반부에 이르렀을 때 아인슈타인의 몇몇 친구들이 그가 논문을 발표할 당시 우호적 태도를 보였던 주요 과학자들이 그의 이론에 대해 미진함을 느끼고 있다는 사실을 그에게 전해주었다.[3] 일반상대성이론 방정식 어느 부분엔가 오류가 있다는 것이었다.

일반상대성이론 체계의 중심에는 전체 세계를 기하학적으로 설명하는 기하학 이론이 있다. 초등학교 때부터 배우는 기하학은, 평행선은 영원히 만나지 않고 삼각형 내각의 합은 180도를 넘을 수 없다고 가르치는 유클리드 기하학이다. 그러나 아인슈타인 일반상대성이론의 기하학은 이와는 다른 비유클리드 기하학으로 19세기 독일 수학자인 베른하르트 리만(Bernhard Riemann)에게서 시작되었다. 리만 기하학은 쉽게 말해 공 모양의 기하학, 휘어진 공간의 기하학이다. 아인슈타인의 이론에서 공간의—혹은 정확하게는 시공간의—휘어진 정도는 물질과 에너지의 존재에 의해 결정된다. 이는 뉴턴의 고전적 중력이론, 즉 중력을 질량에만 좌우되는 보편적 힘으로 보는 이론과는 근본적으로 다르다. 아인슈타인의 이론에서 물체는 물질과 에너지의 존재에 의해 결정되는 휘어진 경로를 따라 움직인다. 물리학자인 존 아치볼드 휠러(John Archibald Wheeler)는 이에 대해 "물질은 시공간이 어떻게 휘어 있는지 말해주며, 시공간은 물질이 어떻게 움직이는지 말해준다"고 적었다. 아인슈타인은 일반상대성이론에 따른 중력장방정식(Field Equation) 체계가 완성되자 그것이 우주 전체에 적용될 수 있다고 생각했다. 그 이론은 우주론적 의미를 가지고 있으며, 몇 가지 중요한 가정을 한다면 방정식을 이용해 일관성 있는 우주 모형을 만들어낼 수 있을 것으로 보였다. 실제로 아인슈타인은 1917년에 처음으로 이와 같은 연구를 시도했다. 그리고 다른 물리학자들도 곧 일관된 모형을 만들어내기 위한 연구에 뛰어들었다. 그러나 그들이 아인슈타인의 이론을 이용해 만든 몇 가지 모형들은 아인슈타인에게 설득력 있게 보이지 않았을 뿐만 아니라 아인슈타인으로 하여금 자신이 구축한 체계의 어느 부분에 근본적인 오류가 존재할 수 있다는 생각을 하게 만들었다.

어느 부분에 오류가 있을까? 아인슈타인은 그 오류가 자신이 도입한 우주상수에 있다고 깨닫게 되었다. 고대 희랍어인 Λ(람다)로 표기하는 우주상수는 아인슈타인이 자신의 중력장방정식에 삽입해야 한다고 주장한 상수다. 우주 모형을 완전한 균형 상태에 있는, 다시 말해 시간에 따라 변화하지 않는 공 모양의 폐쇄된 체계로 설정하기 위해서는 일종의 버팀목이 필요했다. 사실 이는 사람들이 우주를 고요하고 불변하는 체계로 생각했던 19세기 초의 시각이었다. 하지만 아인슈타인은 자신의 원래 방정식에 다른 무언가가 추가되지 않으면 그와 같은 모형이 유지될 수 없음을 일찍부터 인식했다. 자신이 처음 유도한 일반상대성이론의 방정식에 따르면 그와 같은 우주 모형은 처음부터 불안할 수밖에 없었다. 물질과 에너지로 구성된 우주는 그 자체가 가지는 중력 질량의 무게로 인해 붕괴하게 된다. 이는 마치 풍선에서 공기가 빠르게 빠져나가는 것과 같다.

그러나 분명히 이런 일은 일어나지 않았으며, 당시 천문학자들의 관찰에 따르면 우주는 붕괴하고 있지 않았다. 자신의 이론에 나타난 문제를 해결하기 위해, 아인슈타인은 방정식에 우주상수를 도입하여 우주 모형이 가질 수 있는 불안정성을 해소시킬 수 있다고 생각했다. 이것은 일종의 반(反)중력이라 할 수 있다. 즉, 중력의 힘에 우주적 반발력으로 작용하여 우주라는 거대한 규모에서 전체적으로 안정을 유지시켜주는 역할이다. 아인슈타인은 자신의 방정식으로 설명되는 우주가 붕괴하는 것이 아니라 공기를 불어넣는 풍선처럼 팽창하고 있다고 생각할 수도 있었다. 하지만 우주상수는 이러한 대안에서 출발하지 않았다. 그는 자신의 우주 모형—당시 그는 이것을 유일한 해(解)로 생각했다—이 정적인 평형을 유지하도록 하기 위해 람다에 의지할 수밖에 없었다.

아인슈타인의 고민은 이것으로 끝나지 않았다. 그가 1917년 우주론적 해를 발표한 직후, 천문학자 빌렘 드 시터(Willem de Sitter)는 그의 방정식을 정밀히 검토하여 또 다른 문제를 제기했다. 그리고 이것은 두 사람 사이의 긴 논쟁으로 이어졌다. 여러 문제들 중에서 드 시터는 특히 아인슈타인의 이론에 따른 우주 모형은 공간적으로 편평하며 내부에 어떤 물질도 없는 완전히 빈 공간이 될 수 있다고 주장했다. 아인슈타인은 이와 같은 견해에 반대했고, 결국 두 사람은 여러 차례 논문을 발표하며 대립했다. 아인슈타인에 따르면 자신의 이론에서 그와 같은 우주는 불가능했다. 물질이 전혀 없는 텅 빈 우주란 있을 수 없다는 것이다. 아인슈타인이 생각한 가장 뛰어난 원칙들 중 하나는 바로 '물질의 존재가 시공간의 휘어짐을 결정한다' 는 것이었다. 그런데 아무런 물질도 포함하지 않는 시공간이 어떻게 존재할 수 있겠는가? 드 시터의 해는 수학적으로 타당해 보였다. 그러나 아인슈타인은 그의 주장이 과학적이기보다는 철학적이라고 생각하고, 1920년까지 여러 차례 드 시터에게 이에 관해 지적했다. 아인슈타인은 1927년 솔베이 회의가 개최될 당시 일반상대성이론의 근간에 관해 다루는 이와 같은 철학에 크게 동의한 상태가 아니었다.

브뤼셀의 레오폴드 공원 산책로에서 르메트르가 아인슈타인을 만났을 때는 이와 같이 철학적 배경을 두고 혼란이 계속되던 시기였다. 당시 아인슈타인은 이미 르메트르에 관한 이야기를 들은 적이 있었다. 아인슈타인은 서른세 살의 교구 신부가 다가오자 그 젊은 신부의 논문을 기억했다. 의장을 맡은 사람들 중 한 명인 테오필 드 돈더(Theophile de Donder)가 1년 전 아인슈타인에게 그 논문을 보여준 적이 있었다. 아마 르메트르의 요청이 있었을 것이다. 아인슈타인은 매우 참신한 논문이라고 생각했다. 하지만 그의 머리에는 몇 년 전에 보았던 또 다른 논문이 떠올랐다. 러시아의 수학자가 쓴 지루한 논문으로, 자신의 방정식에 대해 난해한 해를 제시하며 일반상대성이론에 따르면 동적인 우주가 도출된다고 주장했다. 그리고 더 나아가 우주가 실제로 팽창 중일 가능성이 있다고 제시했다. 아인슈타인은 여기에 동의하지 않았다.

솔베이에서 이루어진 물리학자와 신부의 첫 만남에 대해서는 여러 가지 이야기들이 있다.[4] 그 가운데 공통된 설명은 아인슈타인이 르메트르의 생각을 퉁명스럽게 거부했다는 것이다. 몇 년 후 르메트르는 아인슈타인이 "자네의 수학적 계산은 정확하지만 자네의 물리학은 지겹다네"라고 말했다고 기억했다. 아인슈타인이 실제로 이렇게 말했을 것으로는 보이지 않는다. 하지만 만약 그랬다 하더라도 그것이 개인적 모욕을 의미하지 않았다는 것만은 분명하다. 아인슈타인이 말한 '지겹다'는 표현은 팽창하는 공간이라는 개념에 대한 감정일 것이다. 러시아 수학자의 1922년 논문을 읽고 나서 그 안에 포함된 전체적 생각에 대해 아인슈타인이 보였던 반응이 실제로 그랬다. 당시 그는 팽창하는 우주라는 개념을 일고의 가치도 없는 것으로 간주했다.

그 대신 아인슈타인은 르메트르에게 알렉산더 프리드만(Alexander Friedmann)이라는 러시아 수학자가 이미 1922년에 같은 생각을 제시한 적이 있다고 말했다. 그는 《물리학회지Zeitschrift für Physik》에 발표한 〈공간의 휘어짐에 관하여On the Curvature of Space〉라는 논문에서 아인슈타인의 방정식을 이용한 팽창우주의 모형을 처음으로 제시했다. 그러나 프리드만은 자신의 최초 논문을 계속 발전시키지 못하고 1925년에 사망했다. 그리고 그는 물리학자라기보다는 수학자였기 때문에 단지 이론적 바탕만으로 이와 같은 주장을 제시하고 실제 관찰 데이터를 검토할 생각을 하지 않았다. 자신의 이론을 뒷받침해줄 수도 있고 역으로 반박할 수도 있는 여러 데이터들을 참고하지 않은 것이다. 아무튼 아인슈타인은 르메트르에게 프리드만의 수학에 관해 몇 가지 농담을 던진 뒤, 팽창우주가 가능하다고 믿지 않는 자신의 생각을 주장하기보다는 그 문제를 더 이상 논의하지 말자고 마무리했다. 그리고 르메트르가 팽창우주를 다시 발견하기 전까지 이 문제는 더 이상의 진전이 없었다.

1927년, 르메트르는 공간의 팽창이론을 프리드만을 비롯한 이전의 누구보다도 더 깊이 발전시켰다. 그는 이미 영국의 케임브리지에서 아서 에딩턴(Arthur Eddington)과 함께 1년 동안 일반상대성이론을 연구한 상태였다. 에딩턴은 영국에서 가장 먼저 아인슈타인의 일반상대성이론을 완전히 이해한 사람이었다. 또한 그는 당시 일반상대성이론의 결정적 증거로 생각되던 현상을 관측함으로써 세계적인 명성을 얻었다. 그것은 다름 아닌 프린시페 섬에서 이루어진 일식 관측이었다. 에딩턴은 1919년 그곳에서 관찰된 일식을 사진으로 찍어 빛이 태양 근처를 지날 때 휘어지는 현상을 확인했다. 이와 같은 빛의 휘어짐은 아인슈타인 방정식에서 도출되는 값과 일치했다. 1924년 르메트르가 케임브리지로 왔을 때 에딩턴은 그의 연구 성과에 감명받아 영국에서의 연구를 크게 지원하였다.

그 후 르메트르는 MIT에서 미국의 천문학자 할로 섀플리(Harlow Shapley)와 함께 1년 동안 나선형 은하를 연구했다. 섀플리는 윌슨산 천문대에서 60인치 망원경을 이용해 은하수의 지도를 작성한 학자였다. 당시 원거리에서 오는 빛들에 대한 관측 데이터들은 멀리 떨어진 천체들이 이상하게도 공간에서 멀어지고 있을 가능성을 시사해주었다. 르메트르는 은하들이 그와 같이 멀어지는 모습은 팽창우주 모형이 실제 우주를 반영한다는 증거가 될 수 있다고 생각했다. 그는 최신 천문학적 관측 데이터들을 감안하여 자신의 1927년 논문을 작성했다. 그러나 그 후 3년 동안 그 논문을 평가해준 사람은 없었다. 신부 르메트르는 자신이 아인슈타인에게 외면당했다고 생각하지 않고, 단지 아인슈타인이 스스로의 관점을 바꿀 만한 천문학적 관측 데이터를 살펴보지 못했을 뿐이라고 생각했다.

르메트르는 브뤼셀대학교의 피카르트 연구실을 방문했을 당시 아인슈타인에게 최근 미국의 천문학자들이 관측한 나선형 은하의 멀어짐 현상이 자신의 우주팽창이론을 뒷받침해준다고 설명했다. 르메트르는 그 후 한 라디오 강연에서 아인슈타인이 이에 관해 아무것도 모르고 있는 것으로 보였다고 회상했다.[5] 그래서 나중에 '빅뱅이론의 아버지'로 알려지게 되는 르메트르에게 그 이론의 토대가 된 방정식을 만든 아인슈타인은 벽처럼 다가왔다.

현대세계의 우주에 대한 이해는 과학사 연구에서 가장 흥미 있는 주제들 중 하나다. 그러나 현대 우주론의 역사는 끊임없는 의심, 비판, 완고함, 기회상실, 혼란, 그리고 노골적인 부정 등으로 점철되어 있다. 아인슈타인은 1927년 르메트르가 주장한 우주의 팽창 모형을 받아들이길 거부했다. 그러나 2년이 채 지나지 않아, 미국의 천문학자 에드윈 허블(Edwin Hubble)이 거의 모든 은하들은 서로 멀어져가는 것으로 관측된다고 약간은 자신 없는 태도로 발표했을 때, 아인슈타인은 자신의 완고한 태도를 조금은 누그러뜨렸다. 그리고 또 2년이 더 지나고 나서야 아인슈타인은 비로소 공식적으로 그것을 인정했다. 그러나 팽창우주를 가리키는 표지판은 1917년에 이미 아인슈타인의 방정식에 포함되어 있었다. 그리고 그도 그것을 알고 있었다. 존 그리빈(John Gribbin)이 《빅뱅을 찾아서In Search of the Big Bang》에 썼듯이 아인슈타인이 자신의 방정식이 가리키는 길을 따라갔다면, 우주팽창의 증거가 실제로 발견되기 훨씬 전에 우주의 팽창을 예측했으리라 생각된다. 그리고 이것은 과학의 역사에서 가장 위대한 예측 중 하나가 되었을 것이다.

2. 신부가 된 빅뱅이론의 아버지

'빅뱅이론의 아버지' 혹은 '빅뱅 맨' 이라 불리는 조르주 에두아르드 르메트르(Georges Edouard Lemaître)는 프랑스 파리에서 동북쪽으로 278킬로미터 떨어진 곳에 있는 벨기에의 도시 샤를루아에서 1894년 7월 14일에 태어났다. 정확하게 제1차 세계대전이 발발하기 20년 전에 태어난 것이다. 르메트르 집안은 원래 벨기에 서부의 광산도시인 쿠르셀에서 2세기에 걸쳐 살아왔으며 샤를루아로 옮겨온 지는 오래되지 않았다. 대대로 르메트르의 선대는 육체노동자들로서 방직공이나 탄광부였다. 가족사에 따르면 증조부인 클레망은 나폴레옹 제112보병대에 근무하여 두 차례 부상당했으며, 워털루 전투 이후 군대가 해산되었을 때도 추방당한 지도자에게 변함없는 충성을 바쳤다고 한다. 그의 군대 경력은 계속 이어져서 1831년에는 시민 경비대의 장교가 되었다. 유능한 상인이기도 했던 클레망은 결혼을 세 번 했는데, 친자매와 연이어 결혼하기도 했다(아내가 사망한 다음 그 여동생과 결혼했다).

클레망의 아들인 에드워드 세베르는 목재상인이었으며, 여섯 명의 자녀를 두었다. 그중 막내인 조세프는 1867년 10월에 태어났는데 르메트르 집안에서 대학교육을 받은 첫번째 세대였다. 그는 법률을 공부하여 변호사 자격을 취득했지만 처음에는 변호사 활동을 하지 않았다. 그 대신 자기 사업을 벌여서 유리를 '길게 뽑는' 새로운 방법을 고안했는데, 이 방법은 나중에 유럽 글라베르벨 유리회사가 채택하여 현재까지 활용되고 있다. 스물여섯 살의 조세프 르메트르는 이웃에 살던 라그리트 랑누아와 결혼하여 모두 네 명의 아들을 두었다. 조세프의 사업은 처음에 성공을 거두었지만 발명 사업을 계속할 수 없었다. 화재로 공장이 잿더미로 변하자 중년의 조세프는 인생행로를 바꿔야 했다. 공장이 화재보험에 가입하지 않았기 때문에 그는 사촌들로부터 돈을 빌려 빚을 갚고 직장을 잃어버린 종업원들에게 임금을 지불했다. 이와 같은 행동은 사회적 정의감과 정직함을 소유한 성실한 기업주로서 브뤼셀까지 그 명성이 알려지는 계기가 되었다. 덕분에 그는 브뤼셀 은행들로부터 법률 자문직을 맡아달라는 초빙을 받았다. 1910년 10월, 조세프는 가족들과 함께 벨기에의 수도로 이사하여 새로운 생활을 시작했다.

이즈음 조세프 르메트르의 큰아들인 조르주는 이미 신학에 관심을 가지고 있었고 수학에도 재능을 나타냈다. 부모는 독실한 가톨릭 신자였기 때문에 아들의 이러한 태도에 실망하지 않았다. 또한 그들은 아들의 장래와 관련된 어떤 결정을 내릴 때 아들을 부추기거나 의욕을 꺾어버리는 말을 하지 않았다. 겨우 아홉 살인 조르주가 사제가 되고 싶다고 말했을 때도 그랬다. 오랫동안 르메트르를 도우며 함께 일한 오동 고다르(Odon Godart) 같은 사람들은 그가 제1차 세계대전에서의 잔혹한 경험에 대한 반발로 신학교에 입학했을 것이라고 말하지만, 장래 우주학자

1895년 3월, 8개월 된 르메트르의 사진

의 종교적 심성은 일찍부터 나타났다고 보아야 한다.[1] 물론 포병 하사로 복무하면서 목격했던 비참함이 르메트르의 신앙적 소명감을 더욱 깊게 해주었을 것이다.

동시대의 다른 많은 사람들처럼 조르주 르메트르도 전쟁에 말려들 수밖에 없는 시기에 태어났다. 20세기 우주론의 역사에서 중요한 위치를 차지하는 다른 많은 학자들도 전쟁에 참가해야 했다. 두 차례에 걸친 전쟁이 없었더라면 그들은 과학의 발전에 더 중요한 기여를 할 수 있었을 것이다. 예를 들어 1916년 아인슈타인의 일반상대성이론 방정식에 대한 정확한 해를 최초로 유도한 카를 슈바르츠실트(Karl Schwarzschild)는 동부전선에서 돌아온 직후 전쟁 관련 질환으로 사망했다. 그때 프리드만은 러시아군인으로 전선의 반대쪽에 있었다. 그는 아인슈타인의 이론에서 우주의 모형은 역동적인 구조여야 한다는 것을 수학적인 방법으로 보여준 최초의 학자였다. 프리드만 역시 전쟁 중에 겪은 고통으로 건강이 나빠져 많은 고생을 했다. 그는 신설된 소비에트 페트로그라드대학 (후에 레닌그라드대학으로 이름이 바뀐다) 교수 시절, 건강이 좋지 않았음에도 기상관측기구를 타고 기후 연구를 수행한 다음 얻은 질병의 합병증으로 1925년에 사망하였다. 아인슈타인의 방정식에서 예견된 것처럼 은하들이 공간에서 멀어져 가고 있다는 증거를 발견한 미국의 천문학자 허블은 다행히도 전쟁의 피해를 입지 않았다. 그는 전쟁이 거의 끝나갈 무렵에 유럽 주둔 미군으로 잠시 복무했을 뿐이다.[2] 슈바르츠실트와 프리드만이 일찍 사망하지 않았다면 우주팽창을 발견하고 시간과 공간의 시작이라는 개념을 정착시킨 공로가 르메트르 대신 그들에게 돌아갔을 가능성이 많다.

학자로서 르메트르의 일생에서 매우 중요한 역할을 하게 되는 아인슈타인은 르메트르가 태어날 무렵 뮌헨의 열다섯 살짜리 고등학생이었다. 이즈음 르메트르의 아버지 조세프의 경우처럼 아인슈타인 아버지의 사업도 커다란 시련을 맞게 되었다. 그러나 그의 아버지 헤르만 아인슈타인이 운영하던 전기 설비회사의 경우는 화재가 원인이 아니었다. 헤르만과 그의 동생 야콥이 공동 운영하던 회사는 사업 초기 이탈리아의 일부 도시들에 가로등을 납품하며 크게 성장했지만, 1893년 뮌헨 시민회관 납품 계약이 파기되면서 어려움에 처했다(유대인에 대한 반감이 크게 작용했을 것이다). 1894년 7월(르메트르가 태어난 달이다) 회사 운영비용을 감당할 수 없게 된 아인슈타인의 아버지와 삼촌은 독일 소재 회사를 청산하고 이탈리아 파비아에 그보다 규모가 작은 회사를 설립했다.[3] 아인슈타인은 곧바로 이탈리아로 가지 않고 학업을 마칠 때까지 3년간 뮌헨에 더 머무르기로 결정했다. 그러나 가족에 대한 그리움과 학교 교사들(아인슈타인은 그들을 '장교들'이라고 불렀다)에 대한 혐오감 때문에, 뮌헨을 떠날 기회가 찾아오자 그는 이를 기꺼이 받아들였다. 엄격한 그리스어 교사였던 디겐하르트 박사가 아인슈타인에게 다른 학교에 가서 공부하는 편이 좋겠다고 말한 것이다. 아인슈타인이 1894년 크리스마스 방학에 집으로 돌아오자 가족들은 모두 놀라며 걱정스러워했다.

한편 이때는 20세기로의 전환기였으며 르메트르가 자신의 전 생애를 바치게 되는 가톨릭교회도 영적인 쇄신을 추진하고 있었다. 로마 교황청은 이전까지 유럽 국가들과 한 세기 동안 대립해왔다. 하지만 교황 레오 13세는 전임자들, 특히 직전 교황이던 비오 9세 때보다 교회가 현대 사회에 훨씬 더 유연한 태도를 취하도록 이끌었다. 교황 레오 13세의 유명한 회칙인 〈노동헌장Rerum Novarum〉은 노동자들의 권리와 노동조합을 지지했으며 민주주의와 공화주의에 좀 더 관대한 입장을 취했다. 또한 교황은 자연과학(특히 천문학)과 철학에 새롭고 예리한 관심을 보였다. 영국 국교회에서 가톨릭으로 개종한 후 레오 13세에게 추기경으로 임명된 영국인 존 헨리 뉴먼(John Henry Newman)은 이와 관련해 1879년 4월 27일 이렇게 말했다.

뉴먼은 자신이 이상한 시대에 살고 있다고 말했다. 그 자신은 가톨릭교회와 그 가르침이 신으로부터 직접 나왔다는 데 일말의 의심도 가지고 있지 않았다. 그러나 그는 신의 뜻에 어긋나며 신앙적으로 편협한 일부 영역이 있는 것도 명백히 보았다. 즉위한 레오 13세는 이러한 문제에 대해 다음과 같이 대답했다. "편협함에서 벗어나라!" 레오 13세는 갈릴레이에 대해서 "그는 강력한 실험정신으로 무장한 뛰어난 사람이었다"고 표현했다. 이러한 교황에게 자연과학자들(이탈리아의 볼타, 스웨덴의 린네, 영국의 패러데이)은 매우 뛰어나며 숭고한 위치에 도달한 사람이었다. 교황은 철도와 여러 통신수단들에 대해 마치 기적을 보는 것처럼 관심을 보였다. 그는 과학과 과학자, 그리고 그들의 업적을 찬미했다. "그들의 발견을 통해 신의 힘이 발현되며 이는 또 물질을 통해 신이 나타내고자 하는 뜻에 접근하는 길이 된다. 그들의 발견은 인간을 위한 것이고 우리 인간을 힘든 노동으로부터 벗어나게 해준다. ……그리고 교회는 어머니와 같은 사랑으로 이러한 모두를 포용하며, 숨기기보다는 그러한 발견들을 기뻐하며 함께할 것이다."[4]

레오 13세는 교회의 가장 유명한 철학자인 토마스 아퀴나스(1225~1274)의 가르침에 대한 관심을 다시 일으키기 위해 로마에 새로운 아카데미를 설립했다. 이때 르메트르는 과학과 신학이라는 두 가지 주제에 모두 깊은 관심을 가지게 되는데, 그로부터 반세기가 지나지 않아 그는 교황청 과학아카데미의 첫번째 의장이 된다. 그러나 가톨릭교회가 보여준 그와 같은 포용이 르메트르의 일생 내내 지속되지는 않았다. 불행히도 처음에만 잠시 지속되었을 뿐이다. 레오 13세의 포용력은 뒤를 이은 두 교황에 의해 끝나버렸다. 다른 누구보다도 교황 우월주의를 확립하고 권위를 집중시킨 교황으로 기억되는 사람들이다. 예를 들어, 레오 13세의 전임 교황인 비오 9세 때는 교회가 가진 세속적 권력의 마지막 유산인 교황령에 대한 통치권이 이탈리아 정부에 넘어갔다. 이러한 통치권 상실을 인식하게 된 비오 9세는 제1차 바티칸공의회를 소집하였다. 공의회에서 교황은 '교황의 무류성'을 공포했다. 하지만 최종 투표에서 그 힘의 범위는 비오가 원했던 내용보다는 훨씬 축소되었다. 오늘날 가톨릭 학자들 사이에서 골칫거리의 하나로 간주되는 악명 높은 〈오류에 관한 교서〉 또한 비오 9세가 공포한 것이다. 이는 유럽과 미국의 가톨릭이 언론의 자유나 자유주의 그리고 대중교육의 옹호 등과 같은 유혹이나 위험한 생각들에 포위되어 있다는 인식과 위기의식에서 나온 것이었다. 레오 13세에 이어 교황이 된 비오 10세는 나중에 성인으로 추대되지만 현대화를 더 심하게 비판했다. 그는 가톨릭 역사학자들과 유럽의 지성인들이 자유주의적 경향에 휩쓸려버린 것 같다고 비난했다.

르메트르가 태어난 시기에는 물리학계에도 변화의 흐름이 일고 있었다. 많은 사람들은 세기말의 물리학계에 어떤 자만심이 넘치고 있었다고 지적한다. 뉴턴의 결정론적 역학이론을 맹목적으로 추종하고 있던 기성세대 물리학자들에게 양자역학과 상대성이론은 마치 지축을 뒤흔드는 지진처럼 충격적이었을 것이다. 그러나 이는 상황을 너무 단순하게 보는 것이었다.[5] 사실 19세기 말의 과학자들은 순수한 결정론에 얽매이지 않고 역학의 근본을 이루는 철학에 대해 의문을 제기하고 있었다. 예를 들어 당시에 크게 발전한 열역학과 전자기학 등을 바탕으로 많은 과학자들은, 이 세계를 구성하는 기본 단위가 당구공처럼 단단한 원자와 같은 어떤 물질들이라고 보는 과거의 피상적 시각에서 벗어나, 그보다 깊은 어떤 진실이 있을 것이라고 생각하기 시작했다(이는 오늘날에도 끈이론 학자들이 찾고 있는 것이다). 물론 물리학계의 사람들이 자만하거나 상상력이 부족했음을 말하는 것은 아니다. 하지만 19세기 마지막 4반세기의 물리학을 "1차 십자군전쟁 이후 사상적으로 가장 멍청한 시기"라고 냉소적으로 표현했던 앨프레드 노스 화이트헤드(Alfred North Whitehead)의 관점에는 많은 사람이 동의하고 있다.[6]

상황이 어떠했건, 1890년경 흑체의 문제를 연구하던 막스 플랑크는 최초로 양자물리학적인 관찰을 했다. 당시 천문학에서 에테르의 실제 존재 여부나 수성의 근일점 이동 문제는 고전적인 물리학으로는 엄밀하게 설명할 수 없었다. 그러나 어떤 근본적 원리를 이용해 이 문제가 풀릴 수 있다고 생각하고 있었다.

19세기 말의 물리학계가 자만심에 차 있었다는 것은 다소 과장되게 들린다 하더라도, 당시 유럽 국가들 사이에 전쟁의 기운이 가득 차 있었다는 것만큼은 결코 과장된 것이 아니었다. 실제로 불과 몇 년 후 유럽 전체를 파괴하는 전쟁이 발발했기 때문이다. 1914년 6월 28일, 오스트리아의 황태자 페르디난트 대공의 암살을 계기로 잔뜩 팽배했던 긴장이 전쟁의 불꽃으로 이어졌다. 제국주의적 야심에 불타던 독일과 그 동맹국인 오스트리아-헝가리 제국이 한 편에 서고, 간섭국가들이라 불렸던 영국, 프랑스, 러시아가 다른 한 편을 이루었다. 이러한 상황에서 군대를 반대하는 아인슈타인 등 많은 평화주의자들은 자신들을 향한 적개심이 커져감을 느꼈다. 로즈장학생으로 영국에 와 있던 젊은 허블은 비록 전장에서 멀리 떨어진 미국인이었지만, 1911년 독일(그가 매우 좋아하던 국가였다)을 방문하던 중 미묘한 민족주의 정서를 감지하고는 전 세계적인 전쟁이 곧 발발할 것임을 직감했다.

르메트르가 학업을 마친 때는 전쟁이 터지기 10년 전이었다. 그는 열 살이었던 1904년에 샤를루아의 예수회 소속 성심고등학교에 입학했다. 전기작가인 도미니크 랑베르(Dominique Lambert)에 따르면 르메트르는 그 학교에서 6년을 보냈는데, 입학 즉시 수학에서 두각을 나타냈고 마지막 2년 동안은 물리학과 화학에서 뛰어난 성적을 올렸다고 한다.[7] 1910년, 고교 졸업 후 르메트르는 루뱅 공과대학 입학을 목표로 브뤼셀의 예수회 성 미셸 예비학교에서 수학을 공부했다. 이 시기 이후 르메트르의 여러 스승들 중 가장 두드러진 인물은 에르네스트 베뢰(P. Ernest Verreux) 신부이다. 그는 사제와 과학자로서 젊은 르메트르에게 역할 모델이 되어주었을 뿐 아니라 르메트르의 생애 내내 가장 핵심적인 주제였던 신학과 과학의 영역을 구분하는 경계에 대해서도 사려 깊은 모습을 보여주었다.

뒷날 르메트르는 베뢰 신부가 수업 중에 자신을 억제시켰던 일화를 떠올렸다. 젊은 르메트르가 창세기의 특정 구절이 과학의 발전을 예견한 것처럼 상상하고 흥분되어 말하자 교수이자 늙은 사제인 그는 르메트르에게 충동을 억눌러야 한다고 충고했다. 그는 제자가 보이는 순진한 열정을 애써 못 본 체하며 이렇게 말했다.

"어떤 연관이 존재한다면 그것은 우연의 일치일 뿐, 아무런 중요성도 없다. 그리고 만약 자네가 그 존재를 내게 증명해야 한다면 불행한 일이 될 것이다. 그것은 생각 없는 많은 사람들에게 성서가 오류 없는 과학을 가르친다고 믿게 하는 행동에 지나지 않는다. 많은 예언자들 중 한 명이 우연히 과학적으로 정확한 추측을 했다고 말하는 것이 우리가 할 수 있는 전부일 것이다."

1914년 자원 입대했을 때의 르메트르

이와 같은 조심스러운 충고는 르메트르에게 평생 동안 각인되었다. 예를 들어 그는 그로부터 수십 년 후 작은 파문을 몰고 온 교황 비오 12세의 발언에 대해, 교황이 자신의 빅뱅이론을 자신의 의도보다 확대해석한 것으로 생각했다.[8]

1911년, 대학에 입학한 르메트르는 전공으로 공학을 선택했다. 당시 그는 가족들을 재정적으로 도울 책임이 있다고 느꼈기 때문에, 이를 위해서는 탄광 기술자가 되는 것이 가장 좋은 길이라고 생각했다.[9] 그러나 졸업할 때가 되자 주위 사람들 모두가 그의 탁월한 수학적·물리학적 재능을 보며 탄광 기술자로 살아가기에는 아깝다는 생각을 하게 되었다. 하지만 르메트르 자신은 기술자의 길을 계속 걸어갔다. 그러나 이때 전쟁이 터졌고, 제1차 세계대전은 르메트르의 인생행로를 송두리째 바꿔놓았다.

1914년 8월 독일군이 프랑스를 침공했을 때, 르메트르와 그의 남동생 자크는 친구와 함께 티롤로 자전거 여행을 떠날 계획을 세우고 있었다. 그런데 같은 제국 군대가 벨기에로 진군해 들어왔다. 벨기에의 다른 남자들처럼 두 형제도 입대하여 싸워야 한다는 사명감으로 8월 9일 제5 지원병 부대에 등록했다. 총기사용 방법 등 간단한 기초 군사훈련을 마친 르메트르는 10월 13일 지라드 르망 장군이 지휘하는 벨기에 제3군단 소속 6개 사단들 중 하나로 배치되어, 10월 18일 이세르 운하 전투에 참가했다. 이 전투는 두 달 동안이나 계속되었는데, 벨기에군은 독일군에 밀려 니우포르트까지 후퇴하게 되자 바다로 통하는 운하의 수문을 열어서 운하와 철도 사이의 땅에 물이 넘치게 만들었다. 이 전술은 독일군의 전진을 효과적으로 억지해주었고, 이후 독일군은 전쟁 기간 내내 바다에 다다를 수 없었다. 하지만 벨기에 병사들은 이 전투에서 많은 희생을 치러야만 했다.

전장에서 르메트르가 어떤 경험을 했는지는 잘 알려져 있지 않다. 르메트르가 남긴 편지나 일기가 없기 때문에 그의 가족들의 이야기를 통해 그가 4년간의 군대 생활에서 수많은 죽음을 목격했다는 정도만을 알 수 있을 뿐이다. 르메트르의 전우였던 앙드레 드프리(Andre Deprit)의 편지를 보면 이세르 운하의 수문이 열린 후 르메트르가 소속된 지원병 부대가 해산되었다고 씌어 있다.

르메트르는 보병 제9연대에 배치되었는데(1914년 10월), 여러 날 동안 롱바르시드 마을 부근에서 벌어진 치열한 전투에 참가했다. 독일군 보병의 전진을 막기 위한 홍수작전이 끝난 뒤 9연대는 벨기에군의 우측에 주둔하게 되었다. 1915년 4월 22일, 르메트르는 그곳에서 독일군의 독가스 공격으로 벌어진 비참한 사태를 목격했다. 광기로 덮인 그 모습은 르메트르의 머릿속에서 영원히 지워지지 않았을 것이다.[10]

그 후 르메트르는 보병대에서 포병대로 전속 배치되었다. 가족사에 따르면 르메트르가 포병부대에서 사용하던 탄도 계산 지침서의 오류를 발견하여 지적하자 상관이 불같이 화를 내었다고 한다. 이것이 르메트르의 입지에 영향을 주었는지는 알 수 없지만, 전쟁이 끝날 때쯤 르메트르의 남동생 자크는 중위로 승진했지만 그는 계속 하사 계급에 머물러 있었다. 나중에 그는 한 언론인에게 이에 대해 자신의 "성격이 나빴기 때문이었다"고[11] 농담조로 이야기한 적도 있다. 어쨌든 르메트르는 십자무공훈장을 받았다.[12]

르메트르는 전투의 와중에 잠깐이라도 평온한 시간이 있으면 책을 읽으며 연구를 계속하여 전우들을 감탄시켰다. 특히 당시 아인슈타인에 필적할 정도로 뛰어난 수학자였던 앙리 푸앵카레(Henri Poincaré)의 이론과 전자기학 관련 서적을 많이 읽었다. 전쟁터에서 했던 연구의 영향인지는 알 수 없지만, 르메트르가 학교로 돌아왔을 때는 이미 공학자가 자신이 가야 할 길이 아니라고 생각하고 있었다. 그 대신 그는 물리학과 수학 분야에서 박사과정을 밟기로 했다.

박사학위 취득의 첫번째 단계로 1919년 루뱅가톨릭대학에서 수학과 과학 분야 논문제출 자격시험을 통과했다. 르메트르의 논문 주제는 실질변수들의 함수에서 근사치에 관한 것으로, 당시 벨기에에서 가장 존경받는 수학자였던 샤를 드 라 발레 푸생(Charles de la Vallée Poussin)이 논문을 지도했다. 그는 1920년 최우등으로 박사학위를 취득했으며, 이때 토마스 아퀴나스의 철학으로 학사학위도 받았다. 그와 동시에 르메트르는 성직에 종사하기로 결심하고, 1920년 10월 성 롬바우트 신학교의 신학생이 되었다.

롬바우트 신학교는 말린대교구에서 운영하는 정규 신학교의 분교로, 교구장 대주교는 메르시에 추기경이었으며 그는 이 젊은 물리학자의 정신적 스승이며 후원자가 되었다. 르메트르가 신학교에 들어가기 전 메르시에 추기경을 만났을 때, 그는 추기경의 뛰어난 품성이 성직자로서 자신이 가는 길에 커다란 힘을 줄 뿐만 아니라 당시 과학계의 화두가 되고 있던 상대성이론에 대한 관심도 북돋워줄 것이라고 생각했다. 신학교에서 르메트르는 신학 수업에 전념했다. 메르시에 추기경은 전쟁으로 중단되었던 신학생들의 공부를 빠르게 진행시키고자 했는데 르메트르에게는 좋은 일이었다. 예를 들어, 롬바우트 신학교에서는 다른 정규 신학교들보다 틀에 얽매이지 않는 형태의 수업이 많았기 때문에, 르메트르와 같은 '늦깎이' 신학생들은 자유시간에 자신들이 하고 싶은 공부를 할 수 있었다. 르메트르는 물리학과 신학에 대해 생각하고 공부할 시간을 많이 가졌다.

장래에 우주학자가 될 이 신학생은 자신이 소속된 대학의 교수들을 통해 아인슈타인의 연구 업적과 만나게 되었다. 르메트르는 상대성이론에 대한 정규 교육을 받지 못했는데, 당시까지만 해도 상대성이론이 아직 대학의 수업과정에 포함되지 않았기 때문이다. 아인슈타인이 자신의 일반상대성이론을 완성한 지 몇 년밖에 지나지 않았던 시기였다. 그러나 르메트르는 기하학과 미분방정식에 대해서는 이미 높은 수준으로 훈련되어 있었다. 그는 독학으로 텐서 미적분학을 공부하여 일반상대성이론을 완전히 흡수했는데, 장에 관한 에딩턴의 초기 저서들을 이용했다. 르메트르는 일체 낭비하는 시간이 없이 이 새로운 관심 주제에 대해 연구했다. 1922년 그는 〈아인슈타인의 물리학The Physics of Einstein〉이라는 짧은 논문을 썼는데, 벨기에 정부에서 주는 해외 유학 장학금을 타기 위해 제출한 것이었다. 르메트르는 장학생으로 선정되어 영국해협을 건너 1년간의 영국 유학길에 올랐다. 그리고 그곳에서 자신에게 새로운 세상을 열어준 책의 저자를 만나게 되었다.

르메트르는 신학교에서 3년을 보낸 후 사제 서품을 받았다. 르메트르의 전기작가인 도미니크 랑베르는 르메트르가 신학─특히 당시 가르쳤던 신(新)스콜라주의 신학─에서 뛰어난 재능을 보이지 않았다 하더라도 자신의 소명의식을 약화시키지 않고 지탱해 나갈 수 있었을 것이라고 적었다. (실제로 나중에 르메트르를 비판한 사람들 중 일부는 르메트르가 신학에서는 우수한 능력을 발휘하지 못했기 때문에 물리학에 큰 관심을 가졌을 것이라고 말하기도 했다.) 그러나 르메트르에게 신학의 영적인 측면은 단지 정신적 부분에만 머무르지 않고 그 이상으로 중요했다.

　르메트르가 상대성이론에 관심을 갖기 시작한 초기에 과연 아인슈타인의 방정식이 진화하는 우주를 나타낸다고 생각했는지는 알 수 없다. 르메트르가 처음 세운 계획은 천문학뿐만 아니라 물리학의 새로운 분야도 함께 연구하는 것이었다. 하지만 처음부터 르메트르는 일반상대성이론을 적용한 실제 관찰 데이터에 관심을 가졌으며, 2년간의 영국과 미국 유학을 마칠 때쯤에는 그의 일생에서 가장 중요한 일에 필요한 모든 영감들을 갖추었음이 분명하다.

　그러나 1923년 르메트르가 사제 서품을 받고 영국에 건너갈 계획을 세울 때까지 진화하는 우주는 아직 미래의 일이었다. 상대성이론이 출현하기 전의 아인슈타인 세대 학자들에게는 진화하는, 즉 동적(動的)인 우주라는 개념이 없었다. 1917년부터 아인슈타인은 자신의 방정식을 적용할 때 동적인 우주가 가능함을 인식하고 있었다. 그러나 그는 그와 같은 가능성과 마주하기를 원하지 않았는데, 이는 그의 상대성이론이 가진 진화적 특성이나 물리학적인 근본 의미를 생각할 때 이상한 일이었다. 상대성이론에 근거하면 시간과 공간 모두에 탄력성이 요구됨에도 아인슈타인은 탄력성을 바로 그 우주로 확대하여 적용하기를 망설였다. 그는 지금까지 가져온 자신의 우주를 지키고 싶었다. 즉, 정적이고 안정된 뉴턴의 장엄한 우주를 유지하고 싶었다.

　그러나 아인슈타인은 이 문제를 깊이 파고들지 않았다. 앞에서도 보았듯이, 일반상대성이론의 우주론적 의미에 대한 그의 논문이 발표된 지 몇 달도 지나지 않아 아인슈타인의 친구이자 연구 동료인 드 시터가 논문을 발표했다. 아인슈타인의 우주는 '불안정'할 뿐만 아니라 이론적으로는 아무것도 없이 빈 공간인 우주일 가능성이 있다는 의문을 제기한 논문이었다. 아인슈타인은 이와 같은 생각에 결사적으로 반대했다. 아인슈타인으로서는 공간 그 자체의 모양은 물질의 존재에 의해 영향을 받는다는 것이 그의 이론에서 근본이 되는 가정이므로 물질의 존재가 없는 공간은 있을 수 없었다. 두 사람의 '주장'은 물리학 학술지를 통해 몇 달간 계속되었다. 관심 있는 사람들에게 아인슈타인과 드 시터 사이의 논쟁은 몇 년 후 양자물리학에서 아인슈타인과 닐스 보어가 논쟁을 벌이며 마지막 카드를 펼쳐 보일 때보다 더 흥미롭게 느껴졌을 것이다.

아인슈타인은 프리드만이 우주상수를 0으로 설정할 수 있음을, 즉 우주상수가 없어도 됨을 증명하는 편지를 보내왔을 때 더 심한 갈등에 휘말렸다. 이는 자신의 방정식이 시간에 따라 팽창하거나 수축되는 반지름을 가진 우주를 시사할 수 있기 때문이었다.

이것은 아인슈타인으로서는 피하고 싶은 결과였다. 프리드만이 1922년 《물리학회지》에 〈공간의 휘어짐에 관하여〉라는 논문을 발표했을 때, 아인슈타인은 프리드만의 방정식이 틀렸다고 주장하며 성급하게 반응했다. 그러나 틀린 사람은 이 러시아 물리학자의 오류를 성급하게 지적했던 아인슈타인이었다. 아인슈타인은 나중에 자신의 '지적'을 철회하고 수학적으로 프리드만의 방정식이 우주의 팽창을 시사할 수 있음을 처음으로 인정했다. 그럼에도 그는 그와 같은 방정식의 해가 우주의 실제적 형태에 근거한다는 데는 계속 반대했다. 그 외에는 다른 누구도 프리드만의 주장에 주목하지 않았으며, 르메트르가 이와는 별도로 자신의 방정식을 만들어냈을 때 프리드만은 이미 사망한 후였다.

아인슈타인은 이미 1917년에 우주가 동적일 가능성을 생각했을까?

그의 방정식에 람다를 삽입한 이유는 무엇일까? 아인슈타인은 논문 〈일반상대성이론에 의한 우주론 고찰〉에서 이렇게 간단하게 언급했다. "방정식에 삽입된 람다는 별들이 작은 속도를 보이는 사실을 설명하기 위해 필요한, 물질의 준정적(準靜的)인 분포가 가능하도록 하는 항이다."[13] 아니면 그가 공간의 팽창 가능성을 인식하고는 이성을 잃었던 것일까?

아인슈타인이 프리드만의 연구 결과에 대해 성급하게 반대하고 또 그 반대를 철회한 것은 당시 그가 별이 속도를 보인다는 사실을 알게 된 것보다 더 완고한 집착에 사로잡혀 있었음을 말해준다. 우주에 관한 기존의 생각에 매몰되어 한 번도 진지하게 의문을 품지 않았던 것이다. 아인슈타인은 자신의 이론이 더 발전될 때까지 의문을 제기할 이유가 없었다. 그의 태도는 이 문제의 핵심에 맞닿아 있었다. 즉 아인슈타인 세대의 사람들이 고요하고 정적인 우주라는 생각에 얼마나 집착하고 있었는지를 보여주는 것이다.

그와 같이 우주를 정적이라고 생각하는 관점을 뒤흔들어 놓은 르메트르의 연구에 대해 논의하기에 앞서, 아인슈타인 세대―그리고 그 이전의 많은 세대―가 가지고 있었던 '정적인' 우주라는 관점의 역사를 먼저 살펴보는 것이 도움이 될 것이다.

3. 진화하는 우주: 우주관의 역사

물리학자들은 그들의 연구 주제가 밟아온 지난 역사에 대해 긍정적 태도를 가지고 있다. 하지만 우리는 대체로 이를 무시한다.
－P. J. 피블스, 〈르메트르의 개념이 현대 우주론에 미친 영향〉

어떻게 보면 이 장의 제목은 맞지 않을지도 모른다. 왜냐하면 아인슈타인의 이론이 발표된 후 1920년대에 이르러 그 이론의 우주학적 응용에 대한 연구가 진행되기 전까지는 실제적인 의미에서 동적(動的)인 우주라는 개념이 존재하지 않았기 때문이다. 고대의 아리스토텔레스가 생각했던 맑고 멀리 떨어져 있으며 변하지 않는 붙박이 창공이라는 개념은 갈릴레이가 망원경 관찰을 통해 달의 분화구를 처음으로 스케치할 때까지 서구인들의 생각을 지배하고 있었다. 그러나 이러한 개념은 다른 고대인들이 생각한 우주 발생과는 크게 달랐는데, 뉴턴의 물리학과 르메트르의 동적인 우주 모형도 그만큼 차이가 있었다.

오늘날 천체물리학에 관심을 가진 독자들이라면 팽창우주에 대해서는 당연한 것으로 여기고 좀 더 이색적인 천체들에 대한 이야기도 자주 접하게 된다. 블랙홀, 퀘이사, 암흑물질, 자신이 속한 은하 전체보다 훨씬 더 많은 에너지를 쏟아내며 공간에서 폭발하는 별, 각각의 은하 중심부에 바닥도 없이 뚫린 아무것도 없는 구멍 등등. 하지만 수세기 동안 우주를 변하지 않는 붙박이 창공으로 생각해오던 유럽에서 아인슈타인과 르메트르의 시대를 이해하기란 어려웠을 것이다. 게다가 유럽인들은 아랍 문명으로부터 아리스토텔레스를 다시 번역해—아랍인들은 고대 그리스에서 아리스토텔레스를 번역해 들여왔지만 유럽인들은 오랫동안 이를 잊고 있었다—들여오기 전에도 이미 우주에 대해 정적인 개념을 가지고 있었다.

　　르메트르가 박사후 연구를 위해 영국으로 건너가기 약 1000년 전, 마야 문명의 지도자 사제들은 그들의 중앙아시아 제국 위로 떠오르는 별들에 대해 수학적 기술들을 적용했다. 별과 행성은 마야인들에게 중요했다. 정교한 천문학적 지식을 자랑하던 고대 이집트인들이나 바빌로니아인들과는 달리, 마야인들은 농업을 위한 정확한 천문학적 관찰이 크게 중요하지 않았다. 자신들의 달력인 '촐킨(tzolkin)'이 있기 때문이었다.[1] 마야의 이웃인 잉카나 아즈텍 제국의 시간 관념도 이와 비슷했다. 마야인의 우주 질서는 탄생과 죽음, 그리고 재탄생의 끝없는 순환이었다. 히브리인을 제외한 대부분의 고대인들은 세계에 역사(시작과 발전 그리고 종말)가 있다는 생각을 하지 않았다. 시간은 끝없이 순환하는 체계였다. 그리고 대부분의 다른 고대 종족들과 마찬가지로 마야인들도 민족으로서 그리고 개인으로서 자신들의 고유한 정체성을 이처럼 반복된 주기 속에 포함시키고자 했다. 이것은 인간이 죽고 썩어 없어지는,

눈에 보이는 종말로부터 벗어나는 방법이기도 했다. 그들은 밤하늘을 돌아가는 별들의 경로와 한 달 단위로 변해가는 달의 모양, 계절의 반복, 그리고 행성들의 움직임을 도구 삼아서 시간의 어김없는 질서를 연구했다. 제사의식에 이용하기 위한 목적이었다. 변함없어 보이는 세계에 자신들이 속해 있다는 생각을 심어주는 제사의식이었다.

또 이렇게 반복되는 모든 과정은 그보다 훨씬 큰 규모로 반복되는 주기 속의 일부로 자리 잡고 있었다. 영원불멸을 염원했던 고대 민족들이 간절히 알고 싶어 하던 주기였다. 예를 들어 아즈텍인들은 세계가 2500년을 주기로 네 차례 창조와 파괴를 반복한다고 생각했다. 고대의 자료가 부족하여 정확히 알 수 없지만 이집트인들에게는 한 주기가 수천 년이었을 것이다. 중국인들은 우주가 살고 죽는 한 과정을 '원'으로 불렀는데, 1원은 12회로 구성되며 각 회는 1만800년씩이었다. 이와 같은 중국의 우주기원론에 따르면 12만9600년 후에 세계는 종말을 맞고 그 후 다시 태어난다. 바빌로니아인들은 우주의 생명주기가 600회의 '사로스(saros)'라 부르는 기간들로 나뉘며 각각의 사로스는 3600년이라고 믿었다. 그러므로 바빌로니아인들에게 우주 주기의 전체 길이는 216만 년이었다.

한편 인도의 고대 힌두인들에게 우주의 주기는 훨씬 더 길었다. 사실 고대 인도인들은 다른 고대 문명들과 달리 매우 긴 시간의 주기를 생각했다. 오늘날의 천문학자들이 통상적으로 다루는 거대한 수의 시간 단위와 비슷한데, 힌두의 우주발생론에서 세계는 430만 년마다 자신을 변화시킨다. 그러나 이 주기도 훨씬 더 큰 시간 주기의 일부로, 43억 년이라는 긴 시간을 거친 후 소멸하고 재탄생한다. 힌두인들은 이와 같이 긴 시간의 한 세계가 완전히 끝난 후 다음 세계로 넘어간다고 믿었다. 고대 힌두 경전인 《쁘라나》에 있는 다음과 같은 글은 불멸에 대한 힌두인들의 열망을 표현해준다.

> 나는 우주의 끔찍한 종말을 알게 되었다. 모든 윤회의 끝에는 멸망이 되풀이된다. 그 공포의 시간에 모든 원소는 무한한 순수의 물로 녹아 들어간다. 그곳에서 모든 것이 처음 시작되었다. 모든 것은 헤아릴 수 없는 무한의 바다로 되돌아간다. 캄캄한 어둠으로 덮이고 움직이는 것은 일체 존재하지 않는 텅 빈 곳이다. 아! 우주는 깊이를 모르는 광대한 물속으로 빨려 들어가고 그곳에서 다시 새롭게 창조된다. 누가 그것을 셀 수 있으랴. 얼마나 많은 수의 세계가 사라져 갔으며 앞으로 또 얼마나 많은 세계가 끝없이 계속될 것인가![2]

이와 같은 고대의 우주탄생론들 외에, 신들이 혼란으로부터 질서 있는 세계를 만들었다는 신화가 중심이 된 경우도 있다. 고대 그리스의 세계관이 대표적으로, 세계는 자연의 질서를 따르며 그 질서는 탐구하여 찾을 수 있는 것이다. 아리스토텔레스의 세계관도 이와 비슷하여, 하늘이 투명한 껍질들로 이루어져 있다고 보았다. 그 껍질들 안에서 별들과 행성들이 영원히 땅 주위를 돌아간다. 즉 변하지 않고 시작과 끝이 없다. 플라톤과 아리스토텔레스가 생각한 하늘은 순수하며, 땅 위의 거친 물질들로부터 떨어져 있었다. 아리스토텔레스의 하늘은 언제나 존재하고 있었으며 앞으로도 항상 존재할 것이었다. 무엇보다 다른 고대 민족들의 우주와는 달리, 그리스인들이 믿었던 우주는 일체 생명이 없는 물질들로 구성되었다. 싸우는 신들로부터 나온 신비의 배설물이 아니었다. 이것은 그리스인들에게 그들의 신이 없었다는 의미가 아니다. 물론 그들은 우리가 잘 알고 있는 신전도 지었다. 그러나 그리스인들은 자신들이 살아가는 물질적인 세계와 신을 분리했다는 점에서 매우 독특했다. 그리스인들은 바빌로니아인들이나 이집트인들처럼 행성들이 살아 있는 존재라고 믿지는 않았지만, 그러한 천체들이 지구에 존재하는 것들과 비슷한 어떤 것들로 구성되어 있다고 생각하지도 않았다. 하늘의 물질은 땅의 물질과 별개로 생각되었다. 태양, 달, 그리고 행성들이 지구의 것과 비슷한 물질을 가지고 있음을 밝힌 것은 갈릴레이의 망원경이었다.

이렇게 정적이며 영원히 변하지 않는 그리스인들의 우주는 수세기에 걸쳐 서구인들에게 그대로 전해져 19세기까지 이어졌다. 물론 코페르니쿠스와 갈릴레이 및 뉴턴의 수정을 거치긴 했지만, 아인슈타인이 거대한 상대성이론을 구축하기 시작하던 20세기 초까지도 여전히 같은 우주로 남아 있었다. 그 후 아리스토텔레스의 투명한 공 모양의 하늘은 물러나고, 별들과 행성들이 지상에는 없는 영묘한 물질로 이루어져 있다고도 생각하지 않게 되었다. 그러나 당시의 과학자들은 수많은 소행성들이나 유성, 행성, 항성, 은하 등이 흘러가는 웅대한 하늘이 변화한다고는 생각하지 않았다.

아리스토텔레스의 투명한 공 모양 하늘이 '정적인' 우주를 의미했듯이 다른 모든 고대의 우주탄생론들도 '정적인' 우주를 가정했다고는 볼 수 없다. 하지만 힌두나 중국 그리고 마야인들이 생각했던 변화하는 우주에서는 시간의 반복이라는 관점이 가장 핵심이었으며, 진정한 의미에서 '진화하며 동적인' 우주와는 달랐다. 그리고 이와 같은 세계관에서는 우주의 구성물질들이 문자 그대로 움직임이 없는 것은 아니었지만 태어남과 죽음 그리고 다시 태어남을 반복해갔다. 한편 다른 고대 우주 탄생론들에서는 시간에 따라 우주가 어떻게 얼마나 변해 가는지에 대한 생각이 없었다. 20세기 초반이 되어서야 상대성이론이 우주론에서 시공간이 주기를 그리는 모형에 대한 논의의 장을 열었다. 하지만 고대 힌두인, 마야인, 바빌로니아인들이 생각했던 우주의 끝없는 반복, 즉 주기를 그리는 세계란 나중에 등장하는 상대성이론의 진동 우주 모형과 비슷하게도 생각된다. 이것은 특이점에서 팽창한 후 붕괴 수축하고 다시 팽창하여 새로운 우주가 되는 모형이다. 그리고 각 주기 사이의 수십억 년이라는 간격은 앞에서 보았듯이 고대 힌두인들의 시간과 크게 다르지 않다.

그리스에서 시작된 과학이 오늘날까지 꾸준히 발전되어온 것은 사실이지만, 천문학과 우주학 발전의 이면에는 어떤 완고한 오류가 원칙으로 자리 잡고 발전의 방해 요인인 된 경우도 있었다. 천문학자들이 자신들의 계산과 예측 능력을 훨씬 높일 수 있는 수학적 도구를 개발한 상황에서도 그와 같은 잘못된 원칙이 유지되기도 했다. 완전한 원을 그리는 운동이라는 개념이 그 대표적 사례다. 기원전 6세기의 피타고라스 이후 그리스인들이 생각해온 이 개념은 수학에서 영원한 진리로 간주되었으며, 행성들의 운동에도 이 원칙이 적용되었다. 이것은 그리스 기하학의 발전에는 유용한 개념이었지만, 2세기 그리스의 프톨레마이오스에서부터 17세기 케플러의 활약 직전까지 천문학자들에게는 혼란을 일으킨 주범이었다. 태양을 중심으로 행성들이 회전하는 태양계라는 혁명적 개념을 주장한 코페르니쿠스도 완전한 원형 궤도의 틀에서 벗어나지 못했다.

행성들의 운동은 완전한 원형 궤도를 그리지 않았다. 특히 화성에 대한 관측 결과 그것은 명확한 사실이었다. 그러나 코페르니쿠스는 원형 궤도라는 순전히 미학적이고 도그마인 원칙에 집착하여 이론에 혼란을 야기했다. 그는 주전원(土轉圓, epicycle)이라는 까다로운 궤도를 일관되게 주장하는데, 이것은 행성들의 실제 관측과 자신이 제안한 태양계라는 체계를 일치시키기 위해 각각의 행성들의 궤도에 추가해 넣은 것이다. 케플러조차도 행성들이 실제로는 타원형의 궤도를 그리며 공전하고 태양은 그 타원의 한 초점이라는, 정확하지만 '어색한' 개념을 받아들이기까지 오래 망설였다. 이와 비슷하게, 수세기 동안 아리스토텔레스의 운동이론이나 필로포누스의 기동력이론(물체가 운동하는 것은 처음 가해준 힘이 남아 있기 때문이며, 이 힘은 시간이 지날수록 점점 소모되다가 마침내 없어지므로 물체의 운동도 점점 느려지다가 마침내는 정지한다는 이론)의 맹목적 수용은 정교한 역학 체계의 발전을 가로막았다. 13세기와 14세기에야 파리대학의 수도사들이 주로 종교적 이유에서 새로운 이론체계를 받아들이며 이러한 굴레에서 벗어나게 되었다. 이는 나중에 관성의 법칙, 즉 뉴턴의 제1법칙으로 현대 역학의 기초를 이루는 원칙이었다: 외부의 힘이 가해지지 않는 한 물체는 자신의 운동 상태를 유지한다.

이것은 과학의 역사에서 한 분수령을 이루었지만 그 중요성이 간과될 때가 많았다. 파리대학 교수였던 장 뷔리당(Jean Buridan)과 니콜 오렘(Nicole Oresme)은 기동력이론을 하늘의 천체에 적용할 경우 아무 소용없는 이론이 된다고 생각했다. 뷔리당은 중세의 대표적 신학자 윌리엄 오컴(William of Ockham)의 제자로 스콜라 철학을 가르쳤다. 그리고 그의 제자인 오렘은 신학을 가르쳤다. 하지만 두 사람 모두 아리스토텔레스의 물리학에 대해 깊이 생각했다(오렘은 데카르트에 앞서 좌표기하학 체계를 개발했다).

아리스토텔레스는 물체가 운동 상태를 유지하기 위해서는 운동을 일으킨 원천으로부터 지속적인 힘을 받아야 한다고 주장했다. 그러므로 궁수를 떠난 화살이 장거리를 날아갈 수 있는 것은 화살이 움직이는 방향으로 공기의 힘이 더해져서 운동을 지속시켜주기 때문이라고 생각했다. 아리스토텔레스는 이와 마찬가지로 행성들이 지구 주위를 도는 것도 어떤 '원동력(原動力, prime mover)'이 지속적으로 힘을 가해주기 때문이라고 설명했다. 중세 파리대학의 수도사들에게 이는 어리석은 생각으로 보였다. 우주가 시작될 때 운동을 계속 유지할 수 있을 정도로 한 번의 힘만 가해주면 될 텐데, 왜 신이 행성들의 운동을 유지하기 위해 지속적으로 개입해야만 하는지 의문을 제기했던 것이다. 오늘날의 관점으로 본다면 신학적 궤변처럼 생각되지만, 당시로서는 이와 같은 의문이 유럽인들의 정신에 얽혀 있던 그리스식 선입견을 제거해주어 운동이론을 좀 더 추상적으로 파고들 수 있게 만들었다. 그래서 레오나르도 다빈치와 코페르니쿠스가 활약하던 시기에는 관성운동, 즉 처음 가해진 힘에 의해 결정되고 유지되는 운동이라는 개념이 천문학자들에게 당연시되었다.

17세기에 와서 관성운동은 뉴턴이 제시한 세 가지 역학법칙에서 가장 기본이 되었다. 모든 물체는 가해진 힘에 의해서 그 상태가 변화하지 않는 한 정지 상태나 직선상에서 일정한 운동 상태를 계속 유지한다. 뉴턴이 사망할 때쯤에는 유럽의 과학자들이 그의 역학법칙들과 만유인력의 법칙, 그리고 케플러의 행성운동의 법칙 및 갈릴레이의 망원경 등으로 무장하여 현대 우주론의 발전과 우주의 탐구를 가속화할 준비가 되어 있었다.

18세기 초에 이미 만유인력의 법칙을 구축한 뉴턴이나 그의 동시대 과학자들은 뉴턴의 이론이 유지되기 위해서는 우주가 어떤 형태로 진화할 필요가 있다고 생각했을 가능성이 많다. 무엇보다도 뉴턴 자신이 처음부터 만유인력에 의해 직접적으로 초래될 수 있는 난제에 봉착했다: 중력이 실제로 보편적인 힘이라면 우주가 그 자체의 중력으로 붕괴되어야 하는데 이를 막아주는 것은 무엇일까? 이는 아인슈타인도 직면했던 문제로, 그가 우주상수라는 개념을 도입하는 계기가 되었다. 뉴턴은 우주가 무한히 크고 별들의 수가 무한히 많기 때문에 우주의 붕괴 가능성을 막아준다고 설명하는 것으로 곤란한 문제를 살짝 비켜갔다. 후세의 비판자들은 이와 같은 뉴턴의 설명이 틀렸음을 발견했다. 수학적으로 볼 때 뉴턴의 만유인력이론은 무한한 공간이나 별들을 가정한다고 해도 우주의 붕괴라는 결론을 피할 수 없다는 것이다.

물론 당시의 천문학자들은 자신의 관찰을 사진판에 기록할 방법이 없었으며, 분광계를 이용해서 별들과 은하들의 실제적 구성이나 속도를 알아낼 수도 없었다. 만약 그와 같은 방법들을 이용할 수 있었다 하더라도, 뉴턴의 이론은 기하학 이론을 중심으로 형성된 것이 아니었다는 점에서 별 의미가 없었을 것이다. 즉, 아인슈타인의 이론과는 달리 뉴턴의 이론은 우주론적인 고찰로 발전할 여지가 적었다. 칸트는 우주라는 존재가 인간 정신의 외부에서 어떤 물리적 의미를 가진다는 데 의문을 제기하기까지 했다.

과학의 역사에서 정적이며 비(非)동적인 우주라는 관점에서 벗어나 20세기 우주론의 발전을 예견한 두 사람이 있었다. 그들은 다름 아닌 토머스 라이트(Thomas Wright)와 임마누엘 칸트(Immanuel Kant)이다. 1711년 영국에서 태어난 라이트는 거의 독학으로 공부하여 귀족들의 가정교사를 하며 살았는데, 1750년에 신의 창조물로서 우주의 중심은 어디에 있는가 하는 신학적 문제를 다룬 《우주에 관한 근본 이론 혹은 새로운 가설An Original Theory or New Hypothesis of the Universe》이라는 책을 썼다. 그는 책의 끝부분에서 우주의 모양을 별들이 모여 있는 원판 형태로 제시했다. 그리고 지구와 태양계는 우주라는 원판의 바깥쪽에 포함되어 있기 때문에 우리는 우주를 측면에서만 바라볼 수 있다고 주장했다. 그는 자신의 이론을 더 정교하게 발전시키지 않았지만, 칸트가 《순수이성비판 Kritik der reinen Vernunft》을 쓰기 훨씬 전인 젊은 시절 우주에 관해 회의하는 데 영향을 주었다.

칸트는 토마스 라이트의 관점을 더욱 심화시켜 1755년에 펴낸 《자연의 역사와 하늘에 관한 이론General History of Nature and Theory of the Heavens》에서 은하수는 모두 한 평면에서 움직이는 별들이 모인 원판 모양이라고 주장했다. 그리고 천문학자들이 최근에 관측하기 시작한 원거리의 희미한 은하들에 대해서도 거리가 너무 멀어서 그 속에 포함된 개별적 별들을 구분하지 못할 뿐이지 많은 별들이 모인 것이라고 보았다. 그는 이와 같은 은하들이 그 자체로 독립된 '섬 우주(island universe)'들이라고 주장했다.

독일 출신의 영국 천문학자 윌리엄 허셜(Friedrich William Hershel)은 이와 같은 생각을 확장시켜 자신의 발견들에 적용했다. 1738년 하노버에서 태어난 허셜은 처음에는 아버지의 뒤를 이어 음악가의 길을 걸었다. 그러나 프랑스군이 고향을 점령하자 허셜은 영국으로 건너가 한동안 배스시의 해안가에 위치한 옥타곤 성당의 오르간 연주자로 살아갔다. 이 기간 동안 그는 천문학에 관심을 가졌는데, 단순한 취미 활동으로 시작했던 것이 나중에는 자신의 망원경을 만들 수 있을 정도로 발전했다. 허셜은 누이동생인 캐롤라인의 도움을 받아가며 새로운 혜성을 발견하고 싶은 욕심에서 별과 행성들을 자세히 관찰하기 시작했다. 당시에는 혜성을 발견하면 명성과 부를 한꺼번에 얻을 수 있었다. 허셜은 1781년 혜성이 아니라 새로운 행성을 발견하게 되는데, 그것은 다름 아닌 천왕성이었다.

허셜은 자신이 발견한 행성에 당시의 국왕 조지 3세를 기리며 '게오르기움 시두스(Georgium Sidus)', 즉 '조지의 별'이라는 이름을 붙였다(이후 19세기까지 이 행성은 천왕성으로 불리지 않았다). 이에 감동한 국왕은 그를 궁정 천문학자로 임명했다. 허셜은 왕의 지원과 보호에 힘입어 더 크고 성능이 좋은 망원경을 만들 수 있었으며, 이를 이용하여 프랑스 천문학자인 샤를 메시에(Charles Messier)가 1760년부터 만들기 시작한 은하들의 목록을 개선하기로 결정했다. 칸트에게서 힌트를 얻은 허셜은 은하들이(자신이 새로 발견할 수 있었던 많은 은하들을 포함하여) 그 자체로 독립된 우주라고 주장했다. 그러나 허셜은 여기서 더 나아가 은하수와 같은 우주들은 중력의 힘에 의해 현재와 같은 구조로 융합된 것이라고 주장했다. 따라서 허셜은 우주가 진화한다고 생각한 최초의 학자들 가운데 한 명이 되었다. 1820년까지 허셜은 2000개 이상의 은하 목록을 작성했지만, 그중 많은 은하들에서 개별적 별들을 구분해내지 못했기 때문에 은하가 각각 독립된 우주를 나타낸다는 그의 주장은 설득력을 얻을 수 없었다. 많은 은하들은 단순히 밝은 가스가 뭉친 공처럼 보였다. 이와 같은 이유로 1925년 허블이 안드로메다은하까지의 거리를 비교적 정확히 추정할 때까지 은하들이 독립된 각각의 우주라는 개념은 단지 하나의 생각으로만 남아 있었다.

에드거 앨런 포(Edgar Allan Poe)가 허셜의 연구에 어떤 영향을 받았는지는 알 수 없다. 그러나 1822년, 허셜이 사망한 지 오래 지나지 않아 포는 자신의 고전적 공포물에서 벗어나 《유레카Eureka》라는 제목의 우주에 관한 놀라운 글을 썼다. 절대로 과학논문이라고 할 수 없는 이 글은 포 자신의 말에 따르면 단지 상상력을 키우기 위해 쓴 것이라고 했다. 그러나 포의 상상력은 커다란 역할을 했으며, 그 덕택에 포는 우주론의 역사에 종종 등장하는 사람이 되었다. 그는 우주 전체가 하나의 폭발점에서 시작되었으며, 이후 퍼져 나간 잔해들이 모여 별이 되고 마침내 은하수로 발전한 것이라고 이야기했다.

당시 과학계에서도 포의 영감만큼이나 놀라운 발견이 진행되고 있었다. 천문학자들이 하늘을 바라보는 관점을 바꾸고, 결과적으로 포의 번뜩이는 상상력을 검증할 수단을 제공해줄 새로운 발견이 이루어졌다. 바로 분광학(spectroscopy) 발전에 따른 성과였다. 분광학은 뉴턴의 광학 실험에서 파생된 것으로 뉴턴은 실험을 통해 프리즘 속으로 백색광을 통과시킬 때 빛이 각각의 색깔들이나 파장들로 분산되어 무지개를 형성하는 것을 관찰했다. 즉 관찰 가능한 스펙트럼을 만든 것이다. 19세기에 분광학이 발전한 이후 집중적으로 진행된 연구 성과는 몇 권의 책으로 펴낼 만큼 방대하다. 그 가운데 현대 우주론의 발전에 직접적으로 영향을 준 세 가지 핵심적 발전에 대해서는 언급할 필요가 있다. 그 첫번째는 1814년 독일에서 요제프 프라운호퍼(Joseph Fraunhofer)가 분광계(spectrometer)를 발명한 것이다. 프라운호퍼는 가시광선의 정확한 스펙트럼을 보여주는 이 새로운 장비를 이용하여 실험실에서 만든 불꽃의 스펙트럼과 태양 혹은 별에서 오는 빛의 스펙트럼을 비교해보았다. 그 결과 햇빛과 별빛의 스펙트럼들에서는 특정한 검은 선이 나타났으며, 이는 실험실에서 통상적으로 원소를 태워 만든 불꽃의 스펙트럼들이 지닌 특성과 매우 유사했다. 그 후 허셜을 비롯한 다른 과학자들은 분광계가 화학분석에 이용될 수 있다고 생각했다.

구스타프 키르히호프(Gustav Kirchhoff)와 로베르트 분젠(Robert Bunsen, 분젠 버너의 발명자)은 분광계를 더욱 중요한 도구로 만들었다. 분젠은 여러 다른 원소들이 내는 불꽃들의 스펙트럼을 조사하여 그 결과를 자신이 만든 무지개 표에 검은 선으로 표시하고 마치 물리학적 지문처럼 활용했다. 탄소를 비롯한 여러 화학물질들은 서로 다른 흡수선들을 나타냈다. 흡수선은 해당 화합물질에 의해 흡수되어 스펙트럼으로 통과되지 못하는 가시광선의 분산된 파장을 나타내는 것이었다. 키르히호프와 분젠은 여러 금속을 대상으로 실험하여 각각의 물질에 고유한 흡수선이 있음을 확인했다. 분젠은 여기서 더 나아가 알칼리 화합물을 분석하여 두 가지 새로운 원소(세슘과 루비듐)가 존재함을 발견했다. 키르히호프는 햇빛의 스펙트럼을 분석하여 나트륨과 같은 기본적 원소들이 내는 불빛의 스펙트럼과 비교해보았는데, 특정한 스펙트럼선을 방출하거나 특정한 파장의 빛을 내는 물질은 역으로 그에 해당하는 파장을 흡수한다는 것

1920년경의 르메트르. 신학교에 입학하기 직전의 모습

을 확인했다. 그는 햇빛의 스펙트럼이 태양 자체에 나트륨과 탄소 등 여러 다른 원소들이 포함되어 있음을 말해준다고 생각했다. 1860년에 과학자들은 처음으로 별들의 화학적 구성을 연구할 수 있음을 알게 되었고, 이로써 천체물리학이라는 분야가 탄생했다.

1860년대 말에는 윌리엄 허긴스(William Huggins)라는 영국의 천문학자가 여러 별들의 스펙트럼들을 분석했다. 그는 가장 밝은 별 중의 하나인 시리우스가 내는 별빛의 스펙트럼을 실험실에서 만든 불빛의 스펙트럼과 비교해보았는데, 시리우스의 스펙트럼이 스펙트럼의 적색 말단 쪽으로 치우쳐 있음을 확인할 수 있었다. 허긴스는 이와 같은 치우침, 즉 적색편이(red shift)가 1841년 크리스티안 도플러(Christian Doppler)가 처음으로 제시했던 현상인 '도플러 효과' 때문이라고 생각했다. 도플러는 파동을 내는 원천이 관찰자에게서 상대적으로 가까워지거나 멀어지는 방향으로 움직이면 그 파장이 변하는 현상을 관찰했다. 만약 음파라면 파장이 변하여 (앰뷸런스가 사이렌을 울리며 멀어질 때 들리는 것처럼) 소리의 높이가 변하게 된다. 그리고 빛을 내는 경우라면 빛의 파장이 변하여 색깔이 변할 것이다. 허긴스는 자신의 스펙트럼 분석을 바탕으로 시리우스가 태양으로부터 1초에 47.3킬로미터의 속도로 멀어지고 있다고 추정했다. 그의 발견은 르메트르의 연구에 중대한 영향을 끼쳤다.

분광계의 발명은 물리학의 또 다른 영역의 발전에도 영향을 주었는데, 그것은 다름 아닌 열역학, 즉 열에너지 역학 분야였다. 열역학 역시 과학자들이 우주는 변하지 않는다는 오래된 관념에서 벗어나는 데 중요한 기여를 했다. 하지만 그 반대 방향의 기능도 있었다. 특히 열역학 제2법칙인 '엔트로피의 법칙'은 과학자들뿐만 아니라 철학자들에게도 역기능을 했다. 어떤 시스템이든 결국에는 그 총 에너지가 소진되어 가장 낮고 아무 소용없는 상태가 된다면 우주 그 자체도 결국 같은 운명에 처할 것이 분명하다.

과학자들은 우주의 '열죽음(heat death)'에 대해 이야기하기 시작했다. 이와 같이 무시무시한 결말 앞에서 영국의 물리학자인 윌리엄 톰슨(William Thomson, 나중에 귀족 작위를 받아 켈빈 경으로 불렸다)은 최초로 우주 전체에 엔트로피의 법칙을 적용했다. 그는 엔트로피가 증가해야 한다는 데 착안하여, 이것이 이론적으로는 '역방향'으로도 적용될 수 있다고 생각했다. 즉 열역학 법칙을 이용하여 우주의 최초 기원까지 거슬러 올라가겠다는 것이었다. 어떤 의미에서 톰슨은 나중에 르메트르가 일반상대성이론의 중력장방정식에 역방향의 논리를 적용했던 것과 같은 방법으로 열역학에 역방향의 논리를 적용한 것이었다. 그러나 톰슨은 전적으로 정성적인 방법만 사용했다. 어떤 체계적인 방법으로 우주 전체에 열역학을 적용한 것이 아니었다. 단지 추론에만 근거했을 뿐이며 어떤 의미 있는 결과도 얻지 못했다. 말하자면 그의 생각을 검증할 방법이 없었다. 그러나 그의 추론은 우주와 우주의 진화에 관한 과학자들의 생각이 변화할 것임을 예고해주는 또 다른 발전이었다.

20세기 초에 이미 변화를 가속화할 천문학적 관찰이 진행되고 있었다. 1912년 르메트르가 아직 열여덟 살 학생이었을 때, 미국의 천문학자 베스토 슬라이퍼(Vesto Slipher)는 애리조나 플래그스태프 로웰천문대에서 은하들의 스펙트럼들을 수집하기 시작했다. 이 연구는 매우 끈기를 요하는 과정이었는데, 몇 년에 걸친 노력의 결과 14개 은하의 스펙트럼을 완성할 수 있었다. 그는 그중 2개를 제외한 모든 은하들이 적색 말단 쪽으로 스펙트럼이 치우쳐 있음을 발견했다. 이제 적색편이 현상이 도플러 효과 때문이며, 은하들이 멀어지는 속도를 나타낸다는 것이 일반적으로 인정되고 있었다. 그러나 단지 14개의 은하들에 대한 관찰만으로는 정확한 결론을 내릴 수 없었다. 그런데 1925년 허블이 안드로메다 은하까지의 거리를 측정하여 발표하자, 천문학자들은 은하수가 칸트와 허셜이 생각한 것처럼 보다 큰 우주에 포함된 하나의 은하에 불과하다고 생각하게 되었다. 그러나 우주는 아직 정적인 상태로 생각되었다. 프리드만과 르메트르를 제외하면 누구도 우주의 크기가 시간에 따라 변화한다고 생각하지 못했다. 당시 프리드만은 수학적으로만 접근했고, 르메트르는 자신의 박사학위 취득에 매달려 있었다. 프리드만은 그 해가 끝나기 전에 사망했다. 그리고 르메트르는 아직 우주를 동적으로 생각하는 관점을 찾아가는 과정에 있었다.

지금까지 우주론에 관한 기나긴 역사를 간략하게 살펴본 까닭은 그리스에서 시작되어 서구인들의 사고를 지배하며 비교적 변화가 없던 우주관이 아인슈타인 시대를 지나며 어떻게 변화하게 되었는지 알아보기 위해서였다. 아인슈타인 시대까지는 그 누구도 우주 자체가 하나의 연구 대상이 된다는 생각을 하지 못했다고 주장할 수도 있을 것이다.[3] 우주는 수많은 별들이 자리한 끝없는 공간으로 보였다. 뉴턴도 그렇게 생각했다. 만유인력이 있음에도 우주가 붕괴하지 않은 것에 대한 다른 설명을 찾을 수는 없었다. 아인슈타인은 전자기역학의 법칙과 에너지입자에 대해 혁명적 이론을 제시했지만, 우주에 대해서만큼은 변화하지 않고 본질적으로 영원하다는 일반적 관점을 너무 쉽게 받아들였다. 아리스토텔레스와 고대 그리스인들이 생각했던 것처럼 투명한 구의 천장에 색을 칠해놓은 하늘과 다를 바 없는 정적인 우주였다.

그리고 그러한 우주의 모양은 대칭을 이루지도 않았다. 1917년 아인슈타인이 자신의 이론을 우주에 관한 문제에 처음으로 적용했을 때만 해도 은하수가 우주의 전부였다. 이제는 우리 은하에서 가장 가까운 외부 은하로 널리 알려진 안드로메다도 아직은 작은 별들과 먼지로 구성된 구름이고 은하수라는 전체적 평면 위에 떠 있는 천체였다. 우리가 소속된 은하 외부에 다른 '섬 우주'는 없었다. 우주는 은하수였고 은하수는 우주 전부였다. 별들 사이의 거리를 더 잘 가늠할 수 있는 방법들이 있었지만 거의 응용되지 않았다. 그래서 많은 시간이 지난 뒤에야 비로소 허블이 안드로메다은하까지의 실제 거리를 측정하여 그 자체가 독립된 우주라는 것을 밝힐 수 있었다.

과학의 역사에서 보수적 경향이나 우유부단함이 끼친 영향을 생각하면 이상할 정도다. 어떤 경우는 그리스 사상의 일부로 수세기 동안 영향력을 행사하기도 했다. 우주가 전체적으로 정적일 수 없음이 명백해지자 아인슈타인은 자신의 방정식에 우주상수를 삽입하는 것으로 만족해버렸다. 보수적 경향 때문이겠지만, 아인슈타인에게 그 이유를 묻는 것은 공정하지 못하다. 아인슈타인에 앞서 유럽인들은 몇 세대 동안이나 같은 방식으로 생각하며 살아왔고, 아인슈타인은 그들을 이어받았다. 그는 당시에 자신이 알 수 있는 데이터를 이용하여 생각했다. 하지만 르메트르는 1927년 브뤼셀에서 아인슈타인을 만났을 때 그가 최근의 연구 결과나 관찰 데이터들에 대해 알지 못하고 있었던 것으로 기억했다. 이제, 아인슈타인과 그의 동시대인들을 진정으로 동적인 새로운 우주 모형으로 이끌어갈 사람은 르메트르였다.

4. 우주론의 대가를 만나다

1923년 10월 르메트르는 바다를 건너 영국 케임브리지대학의 가톨릭 성직자용 기숙사인 성 에드문드 하우스에 도착했다. 에딩턴이 1년간 천문대에서 천문학 연구 학생으로 공부할 수 있도록 르메트르를 초청했기 때문에, 그곳에서 이 젊은 사제는 연구에 몰두하기 시작했다. 르메트르는 정기적으로 에딩턴의 강의에 출석하면서 어니스트 러더퍼드(Ernest Rutherford)의 강의도 들었다. 원자물리학의 아버지라 할 수 있는 러더퍼드는 핵물질의 존재를 최초로 주장하고 방사능의 역학을 설명한 과학자였다. 러더퍼드는 뛰어난 교수였음에 분명하지만 르메트르에게 가장 큰 영향을 미친 사람은 에딩턴이라 할 수 있다.[1] 르메트르는 아인슈타인에게 직접 배울 기회는 없었지만 당시 그 분야에서 아인슈타인 다음으로 두번째 권위자였던 에딩턴을 가까이서 접했다. 르메트르는 아인슈타인 이론에 대한 그의 해석을 통해 처음으로 그 영역에 발을 들여놓았다. 에딩턴은 영어를 사용하는 세계에서 아인슈타인의 이론을 완전히 이해한 최초의 학자였다. 제1차 세계대전이 한창이던 1916년 네덜란드의 천문학자 드 시터는 에딩턴에게 아인슈타인의 상대성이론에 대한 중요 논문들을 보냈다(네덜란드는 중립국이었기에 자유로운 통신이 가능했다). 앞에서 언급된 것처럼 아인슈타인의 친구였던 드 시터는 가장 먼저 일반상대성이론 방정식을 우주론에 적용한 학자였다. 새로운 이론에 몰두하기 시작한 에딩턴은 즉시 그 이론이 천문학 및 천체물리학에 매우 중요하게 적용될 수 있음을 이해하게 되었다.

전쟁이 끝난 1919년, 에딩턴은 영어권 물리학자들을 위해 이론을 요약했는데, 나중에 좀 더 많은 분량의 개론서로 다시 만들어 1923년 《상대성에 관한 수학적 이론*The Mathematical Theory of Relativity*》이라는 제목으로 출판했다(르메트르도 이 책을 읽었다). 그러나 에딩턴의 가장 극적인 업적은 1919년 개인적으로 일행들을 이끌고 서아프리카의 기니 해안에서 떨어진 프린시페 섬에 가서 일식을 관찰한 것이었다. 에딩턴은 일식 때 달이 태양을 가리는 동안의 사진을 촬영하여 아인슈타인의 이론에 의한 세 가지 핵심적 예견들 중 하나인 '중력장에 의해 빛이 휘는 현상'을 확인했다.[2]

에딩턴의 저서 《별의 내부 구조*Internal Constitution of the Stars*》는 천체물리학 분야의 고전으로 자리 잡고 있다. 양자물리학이 아직 발달 단계에 있었음에도 에딩턴은 별의 진화에 관심을 두고 별이 에너지를 생성해내는 과정을 양자물리학으로 설명하려고 노력했다. 그는 별의 질량과 밝기 사이의 관련성을 설정했으며, 논란이 일긴 했지만 별의 나이를 당시 과학자들이 주장하는 값보다 몇 배나 더 길게(수십억 년) 추정했다. 그는 특히 $E=mc^2$으로 표시되는 질량-에너지 관계에 주목하여 별이 물질을 에너지로 바꾸는 과정에 대한 설명을 찾기 시작했다. 그의 이론이 모두 다 정확했던 것은 아니지만 그의 연구 중 일부는 노벨상을 수상한 한스 베테(Hans Bethe)의 이론에 중요한 역할을 했다. 베테는 1938년 별 내부에서 일어나는 핵반응에 의해 수소가 연소되어 헬륨이 만들어지는 과정을 상세히 설명했다. 이후 베테는 빅뱅이론에 관한 1948년의 유명한 논문의 공동 저자로 등장하였다.

르메트르가 장학금을 받게 된 논문인 〈아인슈타인의 물리학〉에서 좋은 인상을 받은 에딩턴은 일반상대성이론의 중력장방정식에 관한 그의 재능을 높이 평가했다. 당시에는 텐서 미적분학 혹은 미분기하학에 대한 강좌가 없었기 때문에, 르메트르는 에딩턴이 쓴 책을 이용해서 그 분야의 수학 이론을 대부분 혼자 공부했다. 또한 에딩턴은 전쟁에 참가하여 무공까지 세웠으면서도 곧바로 사제복으로 갈아입은 르메트르에게 감명을 받은 것으로 보인다. 에딩턴은 퀘이커교도로서 평화주의자였다. 그는 양심에 따라 병역을 거부했으며, 전쟁 중 병영 내에 억류될 상황에 처하자 이를 피해 당시로서는 비용이 무척 많이 드는 여행을 자기 부담으로 떠났다. 그와 아인슈타인을 유명하게 만들어준 여행이었다.[3] 아마 에딩턴은 르메트르에게서 훈장을 받은 하사와 사제의 모습을 보았을 것이다. 그 자신과 닮은 모습이었다. 종교적이고 고독한 미혼이며, 수학적 능력이 탁월하고, 가능성에 자신을 열어두는 신선한 자세 등. 에딩턴은 일반상대성이론이라는 새로운 학문 영역에서 르메트르의 역할을 누구보다도 먼저 인정했을 뿐만 아니라 그에게 몇 가지 '문제들'을 던져주어, 과거부터 우주론 분야에 존재해왔던 의문들과 함께 새로운 연구 경향들을 탐구할 동기를 불어넣는 역할을 했다.

르메트르 역시 자신의 스승인 이 영국 학자에게서 큰 영감과 영향을 받았다. 특히 에딩턴은 새롭게 등장하고 있던 천체물리학적 지식과 천문학 분야의 기존 물리학 지식을 균형 있게 모두 갖추고 있었기 때문에, 르메트르가 연구를 시작할 때부터 그와 같은 지식을 실제 관찰 데이터에 적용하는 데 큰 도움이 되었다. 다음에 보게 되겠지만, 이는 르메트르가 당시 일반상대성이론과 그 우주론적 적용에 관심을 가졌던 다른 모든 전문가들보다 탁월한 경지에 도달할 수 있는 토대가 되었다.[4]

에딩턴은 자신의 제자들에게 탐구해야 할 문제들을 제시하는 데 우수한 능력을 발휘했다. 그리고 르메트르는 에딩턴이 제시한 문제들을 완벽하게 해결했을 뿐만 아니라 스승이 사용한 방법론을 개선하기도 했다. 그는 1923~1924년 학기 동안 에딩턴의 지도 아래 일반상대성이론에서 동시성의 개념에 관한 논문을 쓸 계획을 세웠다. 이는 일직선으로 가속되는 물체에 적용할 때에 비해 휘어진 공간에서 가속되는 물체에 적용할 때 어떻게 수정할 것인가의 문제였다. 특히, 르메트르는 균일하게 가속되는 딱딱한 물체에 동시성으로 나타나는 사건들이 균일하게 회전하는 물체에도 반드시 동시성으로 나타나지는 않는다고 주장했다. 이는 나중에 르메트르가 슈바르츠실트 해의 표면적 한계를 다룰 때 중요한 의미를 가지게 되는데, 슈바르츠실트의 해란 일반상대성이론의 방정식에 대한 해로서 블랙홀의 연구에 이용되는 이론이다. 에딩턴은 동시성의 개념을 다룬 르메트르의 논문에 만족하여 《철학 매거진*Philosophical Magazine*》에 발표할 논문에 서문을 써주었다. 그리고 곧바로 친구이자 연구 동료인 또 한 명의 벨기에 물리학자 테오필 드 돈더에게 자신의 제자에게서 받은 인상을 이렇게 표현했다.

르메트르 군은 매우 뛰어난 학생으로 민첩하면서도 명석한 사고와 엄청난 수학적 재능을 가지고 있는 것으로 생각되네. 이 학생은 여기에서 몇 가지 탁월한 연구를 수행했는데, 나는 그가 연구 결과를 곧 발표할 수 있기를 바라고 있다네. 하버드에서 섀플리와 함께 연구해도 좋을 것이네. 나는 르메트르 군이 벨기에의 미래에 한 축을 담당할 큰 인물이 될 것이라 생각하네.[5]

에딩턴의 시각을 통해 그다음 10여 년에 걸친 르메트르의 연구 성과를 살펴보면, 이 벨기에인 사제는 1925년부터 1939년 제2차 세계대전 직전까지 현대 우주론 발전의 중심부에 위치하고 있었다. 앞에서 언급했듯이, 르메트르는 일반상대성이론의 기하학적 문제들이 우주라는 거대한 규모에서 나타나는 증거들로 보완되어야 한다고 생각했다(그리고 자신이 그 증거들을 찾고자 했다). 르메트르는 이와 같은 문제를 더욱 깊이 탐구하기 위해 영국의 케임브리지에서 대서양 너머에 있는 또 다른 케임브리지(MIT와 하버드대학이 있는 케임브리지)로 갔다. 그는 이제 벨기에 자유위원회의 교육기금으로부터 장학금을 새로 지원받아 에딩턴의 동료들(주로 최첨단 장비를 사용하여 별과 은하들을 직접 관찰하던 학자들이었다)과 함께 연구할 계획을 세웠다. 당시에는 미국에서만 세계에서 가장 우수한 망원경들을 보유하고 있었다. 윌슨산 천문대장을 역임했고 1920년부터 1952년까지 하버드대학 천문대 책임자였던 할로 섀플리는 르메트르를 반갑게 받아들여 1924~1925년 학기 동안 연구할 수 있게 해주었다.

다혈질인 섀플리는 자신이 믿는 것이 비록 틀렸더라도 절대 양보하지 않았다. 이와 같은 그의 모습은 지금도 하버드대학 천문대의 도서관 로비에서 사진으로 만날 수 있다. 체구는 크지 않지만 커다란 얼굴과 짧게 깎은 머리는 그의 강인한 성품을 짐작하게 한다. 단정하게 입은 옷과 넥타이는 할리우드 황금기의 멜로드라마에 악한 역으로 등장하는 인상파 배우를 닮았다는 느낌도 준다. 섀플리는 외모만큼이나 괴팍한 행동을 많이 보여주었다. 예를 들어 그는 추운 날씨에 윌슨산 천문대의 망원경 앞에서 밤새 뜬 눈으로 보낸 다음날이나 사진판을 검사하다 싫증이 날 때면, 낮에 바깥으로 나가서 산허리에 살고 있는 개미들의 군집을 연구했다. 꼼꼼한 관찰로 많은 데이터를 수집해서 미국생태학회의 기관지에 〈일개미들의 열운동역학Thermokinetics of Dolichoderine〉이라는 논문을 발표했을 정도였다.

미주리 출신의 동료였던 허블은 자신의 첫 상관이었던 섀플리가 윌슨산 천문대에 부임하여 역사상 가장 극적인 관찰이 될 연구를 시작하자마자 그를 경쟁자로 간주했다. 두 사람은 가까이에서 서로 경쟁하면서 원만한 관계를 유지하지 못했다. 그래서 신중한 성격의 허블은 1920년 섀플리가 하버드대학 천문대장으로 승진해 떠나자 매우 좋아했다.

섀플리는 별들이 많이 모여 있는 집단인 구상성단을 촬영한 수백 장의 기존 사진판들을 신중히 분석하고, 또 새로운 구상성단들을 많이 촬영했다. 이를 바탕으로 천문학자들은 은하수의 실제 길이를 추정하고 은하계 중심의 위치와 은하계 내에서 태양계의 상대적 위치를 결정할 수 있었다. 구상성단에는 세페이드 변광성과 같은 특정한 별들이 많이 분포하는데 오랫동안 하늘의 한쪽 반구에 주로 뭉쳐 있는 것으로 알려져 왔다. 섀플리는 세페이드 변광성을 척도로 구상성단들의 분포를 체계적으로 연구하여 분포된 성단들의 중심이 지구로부터 4만 광년 떨어져 있음을 확인했다. 그리고 궁수자리에 속하는 이 지역이 은하수의 실제적 중심이라고 주장했다. 그보다 2세기 전 토머스 라이트는 은하수가 눈으로 볼 수 있는 모든 우주를 구성하며, 은하수 밖에 있는 듯이 보이는 은하들은 단지 그렇게 보일 뿐이고 칸트가 제안한 것과 같이 실제적으로 독립된 우주는 아니라고 주장했다. 섀플리의 주장도 이와 똑같은 잘못을 범했다. 섀플리는 여러 해 동안 이와 같은 생각에 집착했다. 허블이 윌슨산 천문대에서 100인치 망원경으로 세페이드 변광성을 관측하여 안드로메다은하까지의 거리를 밝혀낸 후에도 자신의 신념을 꺾지 않았다.

섀플리와 허블 등 당시의 천문학자들이 구상성단이나 은하와 같이 멀리 떨어진 천체까지의 거리를 측정하는 데 세페이드 변광성을 이용할 수 있게 된 것은 최초의 여성 천문학자 가운데 하나인 헨리에타 스완 리비트(Henrietta Swan Leavitt)의 연구 덕분이었다. 1868년 매사추세츠의 케임브리지에서 개신교 목사의 딸로 태어난 리비트는 래드클리프대학을 졸업한 후 하버드대학 천문대의 연구보조원으로 자원하여 찰스 피커링(Charles Pickering) 아래에서 연구했다. 그녀는 학교를 졸업한 직후 극심한 열병에 시달리다 청력을 잃었다. 그러나 그녀에게 연구 과제가 주어지자 신체적 장애는 전혀 문제가 되지 않았다. 리비트가 맡은 과제는 1893년부터 1906년까지 하버드 천문학자들이 천문대에서 촬영한 수백 장의 변광성 사진들을 연구하는 일이었다. 그녀는 사진판들을 조사하여 별의 밝기 등급 혹은 전체적 밝기를 결정했다. 또한 소마젤란성운을 중심으로 점점 더 많은 사진판들을 연구하여, 여러 유형의 세페이드 변광성들에 적용되는 연관성을 도출해냈다.

일찍이 18세기에, 세페우스자리에 있는 델타 세페이드 별의 밝기가 매우 일정한 형태로 변화하는 것이 관찰되었다. 어느 한 별이 다른 별을 짧게 가리기 때문에 밝기가 변화되는 일부 쌍성들의 경우와는 다르게, 세페이드 변광성은 단 하루에서 몇 달까지의 주기로 마치 풍선처럼 실제로 부풀어 오르고 축소되는 별들로 분류되었다. 리비트는 사진판들을 주의 깊게 비교 분석하여 세페이드 변광성들의 밝기 등급과 최고로 밝을 때의 시간 길이 사이에 관련이 있음을 확인했다: 겉보기에 더 밝을수록 밝기 주기가 길고 어두운 별일수록 주기가 길다. 은하수 내부와 가까운 세페이드 변광성들까지의 거리를 통계적 시차 방법으로 측정하게 되자 새플리와 그 이후의 천문학자들은 주기와 밝기의 관련성을 활용하여 100광년 이상 떨어진 별과 은하도 측정할 수 있게 되었다. 이것이 천문학자들이 은하계 외부의 천체들을 측정하는 데 사용한 최초의 신뢰성 있는 방법이었다. 시차를 이용한 방법은 지구에서 8광년 이내에 있는 가까운 별까지의 거리를 측정할 때만 적절했을 뿐이었다.

하지만 리비트는 자신의 중대한 발견이 맺게 될 궁극적 열매를 보지 못하고 1921년에 암으로 사망했다. 그로부터 수십 년이 흐른 다음에야 오랜 인내로 이루어진 거룩한 연구 뒤에 숨은 그녀의 노력에 천문학자들이 진심으로 감사를 표하게 되었는데 참으로 유감스러운 일이었다.

1924년 여름 르메트르가 하버드에 왔을 때, 새플리는 이제 많은 관찰로 익숙해진 변광성들에 대한 이론을 연구할 것을 제안했다. 그래서 르메트르는 연구학기 9월의 대부분을 캐나다 오타와의 도미니언 천체 물리 천문대에서 보내게 되었다. 또한 르메트르는 같은 고향 출신으로

1925년 윌슨산 천문대에서 허블을 만났을 때. 왼쪽에서 두번째가 르메트르, 그 옆으로 허블과 그의 아내 그레이스, 그리고 다른 연구원이 서 있다. 사진의 오른쪽에는 천문학자 던컨과 그의 아내로 보이는 사람이다. 왼쪽 끝에 선 사람은 누구인지 알 수 없다.

전임 벨기에 왕립천문대의 천문학자였던 프랑수아 앙로토(François Henroteau)에게서 세페이드 변광성에 대해 배울 기회를 가질 수 있었다. 하버드에서 르메트르는 별과 같은 천체의 적색편이 측정과 직접 관련되는 '실험 분광학'을 수강했을 뿐만 아니라 빛의 간섭에 관한 분광학 강의에도 참가했다.

앞에서 언급한 것처럼 천문학과 천체물리학에서 분광학은 매우 중요한 위치를 차지한다. 천문학자들은 분광계를 이용해서 별을 구성하는 원소를 알 수 있었으며, 별과 은하들의 상대속도를 태양과 비교하여 추정할 수 있었다. 그리고 이것은 르메트르와 그의 우주론에 매우 중대한 영향을 주었다. 천문학자들은 별빛의 스펙트럼을 얻을 수 있게 되자 별

자체(혹은 최소한 그 일부)가 어떤 원소(예를 들어 수소와 탄소 등)들로 이루어져 있는지 확인할 수 있었다. 태양에 존재하는 헬륨을 발견한 것도 이 방법이었다. 즉, 지구에서 헬륨이 발견되기 전에 햇빛의 스펙트럼에서 이 원소의 고유한 흡수선을 관찰하여 그 존재를 확인하였다. 이와 같은 연구를 통해 천문학자들은 별들의 스펙트럼을 수집하여 정리하기 시작했다. 각각의 별과 은하들은 특징적인 스펙트럼을 가지고 있었으며, 이를 통해 천문학자들은 해당 별과 은하의 구성 성분을 추정할 수 있었다.

허긴스가 도플러 효과를 적용해서 별빛에서 관찰되는 적색편이와 겉보기 속도 사이의 관계를 정립한 이후, 르메트르의 연구 이전 20~30년 동안 천문학자들은 많은 스펙트럼들(특히 은하의 스펙트럼들)이 스펙트럼의 적색 말단을 향해 편이되어 있음을 확인했다. 적색 말단은 파장이 긴 빛으로 구성되며 그 너머의 빛은 눈에 보이지 않는 적외선이나 전자파들이다. 그러나 다른 방향으로 편이된 빛을 내는 별과 은하들도 분명히 있었다. 즉, 파장이 더 짧은 빛으로 구성되는 청색 말단 방향이며, 이것은 표면 속도가 태양으로부터 멀어지지 않고 태양을 향하고 있음을 시사해주는 것이다. 시선속도의 의미를 제외한 전체적 양상이 곧 파악되었다. 르메트르가 하버드에서 섀플리와 함께 연구하기 시작할 때쯤에는 알려진 거의 모든 은하들에서 나오는 빛이 스펙트럼의 말단 쪽으로 편이되어 있다는 사실을 천문학자들이 인식하기 시작했다. 즉, 거의 모든 별들과 은하들이 멀어져 가고 있는 것으로 나타났다. 스펙트럼의 관찰 결과에 따르면 매우 엄청난 속도로 공간 속으로 멀어져 가고 있었다.

르메트르는 주로 물리학 강의에 많이 참석했지만, 고등수학에 대한 관심이 줄어들지는 않았다. 르메트르의 스승이었던 벨기에의 푸생이 그를 초빙강사로 추천해서 함수분석과 적분이론 강좌를 맡기기도 했다. 연구 환경에 만족하지 못했기 때문이었는지 르메트르는 연구 학기를 보낸 하버드와 경쟁 관계에 있던 MIT에 박사학위를 신청했다(하버드 천문대는 그에게 박사학위를 수여할 정도가 못 되는 것으로 보였다). 같은 벨기에 출신으로 르메트르의 학위논문에 조언을 해주었던 폴 헤이먼스(Paul Heymans)는 르메트르의 연구 분야에 별 관심이 없었지만 그의 계획을 지지했다. 학위 과정 동안 르메트르는 섀플리의 조언을 따라 하버드에서 변광성의 이론에 대해 연구했다. 동시에 그는 일반상대성이론과 전자기학을 통합하는 이론을 만들려는 에딩턴의 노력에 대해서도 연구했는데, 통일장이론과 관련한 초기의 연구들은 놀라웠지만 중요하게 취급되지 않고 있었다. 아인슈타인 역시 나중에 르메트르에게 통일장이론을 구축해볼 것을 권유했다. 그리고 결국 르메트르는 일반상대성이론을 우주론적 문제에까지 확대시키는 연구를 계속했다. 랑베르는 당시 르메트르가 자신이 일생 동안 연구하는 데 필요한 모든 재능을 가졌다고 적었다. 하버드대학 캠퍼스에는 1924~1925년 동안 르메트르가 머물렀던 건물이 아직 남아 있다. 캠퍼스 동문(퀸시가)에서 5블록 떨어진 클리블랜드가 1번지다. 르메트르는 연구 과제에 파묻혔으면서도 사제로서의 임무에 충실하여 하버드대학 구내 성당인 성 바오로 성당에서 미사를 공동 집전했다.

르메트르는 섀플리의 도움을 받아 세페이드 변광성의 밝기와 스펙트럼 유형을 알 때 그 진동 주기를 계산하는 새로운 방법을 완전히 익혔다. 그는 에딩턴이 별의 질량과 밝기 사이의 관계를 결정하는 데 적용했던 이론을 바탕으로 접근했다. 르메트르는 주기를 간단히 계산할 수 있는 방법을 찾았으며, 그래프를 이용하여 그 결과를 빠르게 해석할 수 있게 만들었다. 앞에서 보았듯이 로웰천문대의 슬라이퍼가 사전에 분광계로 측정했던 일부 은하(예를 들어 M31, 즉 안드로메다은하)들은, 이와 같이 가스 형태로 보이는 천체들 중 많은 수가 매우 빠른 속도로 태양에서 멀어져가고 있음을 시사해주었다. 그러나 처음에는 그와 같은 측정이 다른 별들에 대한 태양의 상대적 속도를 결정하는 데만 유용한 것으로 생각되었다. 슬라이퍼가 더 많은 구상성단이나 은하계 외부의 은하들에 대한 시선속도 자료들을 수집해감에 따라 천문학자들은 이러한 은하들이 보여주는 놀라운 시선속도의 배후에 (태양의 속도를 뺀) 다른 효과가 작용하고 있음을 인식하게 되었다. 그리고 1922년에 독일의 천문학자 카를 비르츠(Carl Wilhelm Wirtz)가 '확신은 없이' 최초로, 이와 같은 속도들은 은하가 실제로 태양으로부터 체계적인 형태로 멀어지고 있음을 의미한다고 주장했다. [6]

그러나 이러한 사실들은 우주이론 학계에서는 거의 알려지지 않았다. 1922년 프리드만은 아인슈타인의 방정식을 적용하여 팽창우주에 관한 자신의 첫 모형을 만들었다. 프리드만은 비르츠의 논문을 읽지 못했으며, 우주의 팽창 또는 붕괴를 시사하는 자신의 우주 모형을 뒷받침해줄 수 있는 천문학적 관찰들이 존재한다는 것도 알지 못한 상태였다. 헬게 크라흐(Helge Kragh)의 설명에 따르면 프리드만은 일반상대성이론에 대한 자신의 연구가 물리학적 의미를 가질 것으로는 생각하지 못했다. 수학적 문제만이 그의 관심이었다. [7] 그러던 중 프리드만은 1925년 갑자기 사망하였다. 그즈음 천문학계에서는 중대한 발전이 진행되고 있었고, 르메트르는 새로운 해석을 시도하고 있었다. 1924년 허블은 이미 두각을 나타내고 있었다. 윌슨산 천문대의 100인치 망원경으로 많은 은하들을 촬영하여 분류했는데, 그의 분류는 오늘날까지도 표준으로 자리 잡고 있다. 또한 그는 이제 천문학계에 더욱 놀라운 영향을 끼치려 하고 있었으며, 르메트르는 그것을 직접 경험할 수 있게 되었다.

하버드에서 연구를 시작하기 직전인 그해 여름, 르메트르는 영국과학발전협회 모임에서 에딩턴을 만나기 위해 토론토에 갔다. 그곳에서 르메트르는 영국에서 연구하고 있던 폴란드 물리학자 루트비히 실버스타인(Ludwig Silberstein)의 발표를 들었다. 드 시터의 정적인 우주 모형으로 추정된 은하계 외부 은하들까지의 거리와 그 은하가 보이는 시선속도 사이에 직접적 관련이 있음을 확인했다는 내용이었다. 당시 일부 과학자들은 은하수 외부에 독립된 우주로 있는 다른 은하의 존재를 받아들이고 있었지만 아직 정설로 자리 잡지는 못하고 있었다. 허블 자신도 사망하는 날까지 '은하'라는 단어를 사용한 적이 없었다. 시선속도와 은하까지의 거리에 관련이 있다는 주장은 르메트르에게 영감을 불어넣었다. 그러나 실버스타인은 자신이 제안한 공식이 기존의 구상성단들에 대한 관측으로 입증되었다고 주장하여 말썽을 불러일으켰다. 자신의 의도에 맞지 않는 데이터를 배제한 것이 밝혀졌기 때문이었다. 결국 그는 천문학자들의 인정을 받지 못했을 뿐만 아니라 불신의 낙인이 찍히고 말았다. 많은 과학자들은 은하수 외부에 있는 은하의 거리와 시선속도와의 연관성을 주장하는 어떠한 연구에도 반대하는 선입견을 가지게 되었으며, 몇 년 후 르메트르와 허블이 그 연관성을 더욱 엄격하게 계산해

냈을 때에도 믿지 않는 사람들이 있었다.

하지만 토론토에서 실버스타인이 발표한 내용은 르메트르에게 큰 영향을 주었고, 이후 르메트르는 아인슈타인의 중력장방정식을 이용하여 드 시터의 우주 모형을 더욱 정밀하게 검토하기 시작했다. 시간이 지난 후(1963년) 르메트르는 실버스타인의 오류가 그에게 자극이 되었으며, 자신은 그 폴란드인 물리학자와 자신의 연구에 영감을 넣어준 그 주제에 대해 오랫동안 이야기했다고 적었다. 실버스타인의 발표는 미국의 물리학자 하워드 로버트슨(Howard P. Robertson)에게도 영향을 주었다. 그는 르메트르의 1927년 논문 발표 직후 르메트르와는 별도로 일반상대성이론을 적용하여 동적인 우주 모형을 제안하였다. 아무튼 르메트르는 그로부터 몇 달 안에 새로운 데이터들이 수집되자 더욱 활기를 띠게 되었다.

1925년 르메트르는 강의를 위해 워싱턴에 갔는데, 이때 그의 연구에 큰 변화가 생기게 되었다. 허블은 르메트르를 통해 논문 한 편을 전달했다. M31 내에 개별적 세페이드 변광성이 존재하며, 그것을 척도로 하여 추정한 안드로메다은하까지의 거리는 28만 파섹이었다. 이 거리는 은하수의 일부로 보기에는 너무 멀기 때문에 그 자체로서 독립적인 우주로 생각해야 한다는 내용의 논문이었다. 그러나 우연히 이 논문을 읽은 헨리 노리스 러셀(Henry Norris Russell)은 그 젊은 천문학자가 자신에게 논문을 직접 전해주었어야 했는데, 자신이 맨 마지막으로 읽게 되었다며 크게 화를 냈다. 러셀은 매우 뛰어난 천문학자로 나중에 헤르츠스프룽–러셀 모형도라 알려지게 되는 별의 진화 단계의 유명한 도표를 만들었다. 이 도표는 별이 진화해가는 일련의 단계에서 겉보기 등급에 따라 별의 위치를 설정해주는 것으로, 작고 희미한 젊은 별이 밝고 큰 적색 거성 단계를 거쳐 가는 순서를 보여준다. 천문학자들은 허블의 관측 데이터에서 할로 섀플리가 주장했던 것처럼 은하수가 실제 우주의 전체가 될 수 없음을 확인할 수 있었다. 이것은 칸트가 1755년에 생각했던 것처럼 은하수와는 별개로 다른 우주가 독립적으로 존재함을 의미했다. 안드로메다은하가 대표적 외부 은하였다.

르메트르에게도 허블의 관측 결과는 중요한 역할을 했다. 은하수 외부에도 다른 은하들이 있다면 이론적으로 그 빛의 스펙트럼을 측정하여 당시에 관측되었던 다른 천체들처럼 스펙트럼의 적색 말단 쪽으로 편이되어 있는지 확인할 수 있어야 했다—그리고 실버스타인은 이와 같은 결과를 원했음이 분명하다. 르메트르에게는 은하수 외부 은하들이 나타내는 적색편이가 물리학적 의미를 지녀야 했지만 당시의 다른 우주학자들에게는 그렇지 않았다. 드 시터는 아인슈타인의 중력장방정식을 해석하는 자신의 해에서 적색편이 효과를 주장하긴 했지만, 빈 공간에서 서로 멀어지는 방향으로 움직이는 두 광원 사이에서는 일반적으로 빛이 끌어당겨져 늘어나기 때문에 그러한 적색편이가 나타날 것이라고 가정했다. 적색편이가 공간 그 자체의 팽창 때문에 나타난 결과라고는 생각하지 못했다.

르메트르는 이렇게 생각했지만 자신의 생각을 발표하기 전에 좀 더 많은 증거를 모으길 원했다. 그러나 증거가 모이도록 기다리고만 있지 않았다. 그는 1925년 여름, 애리조나의 슬라이퍼와 윌슨산의 허블을 찾아갔다. 허블의 아내 그레이스는 말 그대로 열정적인 언론인이었는데, 허블이 사망하던 날까지 그녀는 남편의 생활을 구석까지 자세히 기록으로 남겼다.[8] 그녀는 자신들이 만났던 사람들 거의 모두에 대한 인상을 기록했고 당시 칼텍(캘리포니아 공과대학)에서 허블 부부와 르메트르가 함께 찍은 사진도 남아 있지만, 르메트르에 대한 허블 개인의(혹은 그 아내의) 생각을 엿볼 수 있는 기록은 없다. 그녀와 남편이 만났던 많은 전문가들에게서 받은 인상들이 때로는 놀랍게 혹은 유머 있는 필치로 기록되어 있음에도, 르메트르에 대한 그들의 인상은 기록으로 남아 있지 않아서 아쉽다. 크라흐가 말한 것처럼 허블은 매우 신중한 과학자였다. 자신이 발견한 은하들의 멀어짐 현상이 대부분의 천문학자들에게 르메트르의 놀라운 논문, 즉 우주의 팽창이론을 뒷받침해주는 명백한 증거로 인식되었을 때도 그랬다. 그는 자신의 글에서 르메트르의 이름을 직접 언급한 적이 거의 없으며, 우주의 팽창 모형을 공개적으로 직접 지지하지 않았다. 여기에는 허블의 신중함보다는 매우 소심한 성격이 더 크게 작용했을 것으로 생각된다. 그리고 그의 아내가 남긴 글을 액면 그대로 받아들인다면 허블은 그 이론에 대해 전반적으로 별다른 의견이 없었던 것이 분명하다.[9]

1925년의 방문에서 르메트르는 적색편이 관찰 데이터에 관해 많은 생각을 하고 모국인 벨기에로 돌아왔다. 1925~1926년 학기가 시작될 때 그는 이미 아인슈타인과 드 시터의 '정적인' 우주 모형이 가진 취약점을 극복하는 자신의 첫 논문을 제출할 준비가 되어 있었다.

5. 팽창이 발견되다

에딩턴과 영국왕립천문학회는 1919년 일식현상이 있을 때 프린시페 섬에서 촬영한 사진으로 일반상대성이론에서 예측된 것처럼 태양에 의해 별빛이 휘는 현상이 확인되었다고 발표했다. 이 발표는 커다란 반향을 불러일으켰고 아인슈타인은 하룻밤 사이에 유명해졌다. 그리고 아인슈타인은 그의 나머지 일생 동안 전설적인 지식인으로 그려졌다—물론 논란도 많다. 아인슈타인이 당시 워낙 유명했던 탓에 그의 업적 중 어떤 부분은 오랫동안—거의 한 세기 동안—아무도 이해하지 못할 정도로 어렵다는 신화로 덮이게 되었다. 이렇듯 신화화된 데는 언론들이 아인슈타인에게 무조건적으로 열광하는 분위기도 한 원인이 되었다. 그리고 시작에서부터 그렇게 될 소지가 있었다. 예를 들어 큰 관심이 없던 《뉴욕 타임스》에서는 어느 정도의 과학적 지식을 가진 기자를 보낼 수 없었기에 런던 주재 골프통신원에게 아인슈타인의 새로운 이론에 대한 이야기를 취재하도록 맡겼다. 데이비드 보더니스(David Bodanis)는 《E=mc²》이라는 책에서 이렇게 말한다.

《뉴욕 타임스》는 지식을 갖춘 과학 담당 기자를 꽤 많이 확보하고 있었지만, 그들은 주로 뉴욕에 근무했다. 본사의 지시를 받은 런던지국에서는 헨리 크로우치(Henry Crouch)에게 취재를 맡겼다. 크로우치는 독자들의 흥미를 불러일으키는 기사 작성 능력을 가진 유능한 기자였다. 문제는 아주 약간의 단편적 지식만으로 기사를 만들었다는 점이다. 크로우치는 신문의 골프 지면을 담당하는 기자였다.

그러나 그는 《뉴욕 타임스》의 기자였기 때문에 과학적 지식의 결여가 그 기사를 담당하는 데 제약이 되지 않았다. 그는 취재 내용을 전송했고, 편집부 기자들은 그 내용에서 다음과 같은 헤드라인을 추출했다.

"12명의 현자들을 위한 책. 아인슈타인은 자신의 책을 펴내기로 한 용감한 출판사 사장에게 말했다. 12명의 현자들 외에는 전 세계에 걸쳐 누구도 자신의 책 내용을 이해할 수 없을 것이라고 말이다."[1]

아인슈타인은 상대성이론에 대한 책을 쓰고 있는 것이 아니었다―과학이론은 과학자가 《뉴욕 타임스》 통신원에게 설명하는 방식으로 발표되는 것이 아니다. 논문들은 당시 권위 있는 잡지에 게재되었다. 독일의 《물리학회지》 혹은 영국의 《왕립천문학회월보》 등이었다. 이렇게 새로운 이론이 발표되면 그에 대한 다른 과학자들의 비판이 제기되거나 새로운 이론을 검증할 방법이 발표되고, 그다음에 이러한 논의의 결과가 책으로 발간된다―아인슈타인의 경우 에딩턴이 이렇게 했다. 그러나 실제로는 아인슈타인의 이론을 출판하려는 '용감한' 출판사는 없었다. 크로우치는 단지 극적인 효과를 노려 이렇게 이야기를 꾸몄을 뿐이다. 골프 통신원의 눈에는 이 난해한 스위스 과학자가 파이프 담배를 쉴

새 없이 피워대면서 우주에 관한 자신의 새로운 이론을 이해할 수 있는 사람이 몇 명 되지 않을 것이라고 주장하는 것으로 보였다―에딩턴 또한 아인슈타인을 신화 속에 가둬버린 데 어느 정도의 책임이 있다.[2] 지나치게 상대성이론을 어렵게 생각하는 대중들의 인식은 아직도 이러한 언론의 과대 포장에서 벗어나지 못하고 있다.

그 후 아인슈타인의 일반상대성이론의 중력장방정식은 거의 신화적인 난이도를 유지한다. 그러나 그 난해성은 방정식을 응용하기 어렵다는 차원이다―기하학적 시공간 내에서 여러 가지 미분방정식들을 풀기 위해서는 시간과 인내력이 필요하다. 사실 아인슈타인이 수립한 개념에 대한 이해가 그만큼 어려운 것은 아니다. 그렇다고 대학에서 미적분학을 1년 정도 배워 중력장방정식을 풀 수 있는 것은 아니고 일정한 지식 습득의 과정이 있어야 한다―다변수대수학, 미분기하학, 그리고 여러 가지 전문용어들을 이해해야 일반상대성이론을 공부할 수 있다. 수만 명의 학생들이 그와 같은 과정을 거친다.

뉴턴의 고전물리학에서는 중력이 존재할 때 물체의 이동 경로는 질량(예를 들어 킬로그램)과 가속도에 의해 결정된다고 본다. 그리고 질량은 아인슈타인의 이론에서도 물체의 이동을 결정하는 핵심이다. 그러나 아인슈타인의 방정식들에서는 물체의 질량만을 특별하게 다루지는 않는다. 방정식들에서는 질량과 에너지 그리고 밀도의 영향으로 시공간이 휘어지고 이러한 시공간의 휘어짐이 물체의 운동경로를 결정한다. 이것은 이상하게 생각될 수 있는데, 압력이나 에너지가 질량을 갖는다는 개념을 이해하기가 어렵기 때문이다. 질량−에너지 관계를 $E=mc^2$이라는 유명한 식으로 표현하는 특수상대성이론이 바로 그 경우로, 이 식에서는 에너지가 질량을 가지는 것을 알 수 있다.

일반상대성이론에서는 에너지와 밀도가 아인슈타인의 중력장방정식 오른쪽에 놓이고, 중력장방정식 왼쪽에는 그로부터 도출되는 시공간의 곡률이 위치한다. 일반상대성이론을 요약하여 나타낸 경이로운 방정식 $R_{\mu\nu} - 1/2g_{\mu\nu}R = -8\pi GT_{\mu\nu}$ 에서 변량들의 기본적인 관계와 일반상대성이론이 말해주는 의미를 유추할 수 있다. 방정식의 왼쪽에서 $g_{\mu\nu}$은 휘어진 공간에서 두 지점 사이의 측정된 거리에 대한 계량 텐서(리만 텐서)이며, 여기서 텐서는 벡터 값들의 집합이다. $R_{\mu\nu}$은 시공간의 곡률을 결정해주는 리치 텐서다. 두 가지 텐서는 각각을 고안한 수학자 베른하르트 리만(1826~1866)과 그레고리오 리치(Gregorio Ricci, 1853~1925)의 이름을 따서 명명되었다. 두 가지 용어는 그리스어인 μ(뮤)와 ν(누)로 각각 표시할 때도 있으며 4차원 좌표(공간 축 x, y, z와 시간 축 t)에서 변화하는 변수를 나타낸다. R은 리치 텐서의 줄임말이다.

방정식의 오른쪽에서 G는 뉴턴의 중력상수를 나타내고, T는 스트레스-에너지 텐서를 나타내며, 방정식에서 휘어진 공간 너머의 물질, 에너지, 운동량 등을 나타내는 지수들의 합이기도 하다. 중력장방정식을 우주론에 적용하면 반경을 나타내는 r(슈바르츠실트, 르메트르, 그리고 드 시터 등에 의해 논의된 것과 같은 구형 우주 모델에서의 우주 반지름)과 시간 t, 압력 p, 그리고 밀도를 나타내는 그리스문자인 ρ(로)와 같은 기호가 등장한다. 아인슈타인의 방정식에는 그 밖에도 많은 기호들이 이용되는데, 이러한 기호들은 상대론적 우주론에 관한 논문에 언급되는 방정식에서 가장 흔히 볼 수 있는 것들이다.

아인슈타인 방정식의 실천적 해는 흔히 '메트릭스(metrics)' 라— 휘어

1930년경의 르메트르

진 시공간에서 두 지점 사이의 거리 측정에 이용된다—불리는데, 수학을 공부하는 학생들은 주로 이렇게 인식한다. 예를 들어, 르메트르가 1927년의 논문에서 해를 도출한 선형요소는 2차방정식 $ds^2 = -R^2 d\sigma^2 + dt^2$인데, 여기서 아인슈타인은 "$d\sigma$는 단위 반경의 공간에서 요소 거리이며, 반경 R은 시간 t의 함수다"라고 말하였다.[3] 물리학자들은 아인슈타인의 방법론을 이용하여 질량, 에너지, 밀도, 시간 그리고 압력이 시공간의 기하학에 미치는 영향을 결정할 수 있다. 중력장 내에서 물체의 운동 경로를 결정할 뿐만 아니라 우주 전체에까지 적용할 수도 있다. 이 것은 뉴턴 물리학에서는 다루지 못한 부분인데, 실제로 뉴턴의 중력이론은 우주라는 거대한 규모에 적용할 때 일치하지 않는 부분이 있었다.

이로 인해 아인슈타인 이전까지는 모순 없이 우주론에 적용할 수 있는 이론을 탐구하는 일이 불가능한 과제처럼 여겨졌다.

이미 살펴보았듯이, 수학자로 시작한 르메트르는 1920~1923년 사이에 박사학위와 사제서품을 준비하면서 아인슈타인의 방정식들을 빠르게 받아들였다. 그가 발표한 논문이나 스승에게 보낸 편지의 내용을 보면 그가 컴퓨터의 쉬운 활용 방법을 찾거나 방정식 해를 구하는데도 주위 동료들보다 더 뛰어난 능력을 가졌음을 확인할 수 있다. 1925년 르메트르가 관찰 결과를 논의하러 윌슨산 천문대의 허블, 로웰천문대의 슬라이퍼를 방문했을 때 그는 일반상대성이론의 응용이나 그 방법론에

1931년경의 르메트르/에딩턴 모형

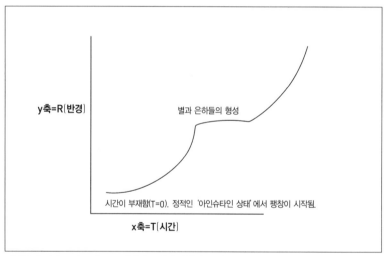

저자들이 직접 그린 르메트르/에딩턴 모형의 대략적 묘사. 이 모형은 아인슈타인이 주장한 정적 상태(Static state)에서 출발했다. 정적 상태에서 말하는 우주는 무한한 과거로 거슬러 올라가서 급속도로 팽창한다. 그리고 일시 정지 기간 혹은 수태기간(별이나 은하가 형성되는 기간)을 거쳐서 다시 팽창이 가속화되어 드 시터가 말하는 편평 공간의 우주에 도달한다.

대해 거의 완벽하게 이해하여 자신의 고유한 '우주론적 고찰'에 아인슈타인의 중력장방정식을 적용할 능력을 갖추고 있었다. 르메트르는 중력장방정식을 우주론에 적용한 최초의 학자였는데, 주로 그 이전까지 아인슈타인 방정식의 우주론적 해가 가진 문제점을 지적하는 형식이었다. 이것은 구체적으로 아인슈타인과 드 시터가 1917년과 그 직후에 발표한 방정식의 우주론적 해를 지칭했다.

앞에서 이미 보았듯이 이것이 르메트르의 방식이었다. 이 책의 2장에서 르메트르가 포병대에 근무할 때 탄환의 궤도를 계산하는 지침서에 실린 방정식 중의 하나가 틀린 것이 분명하다고 주장하여 탄도장교의 화를 자초한 적이 있다고 언급했다. 이 때문에 르메트르는 결국 명령불복종으로 징계와 함께 퇴역당하고 장교가 될 기회까지 잃었다. 르메트르는 그의 첫번째 우주론 논문에서도 이와 비슷하게 아인슈타인의 중력장방정식을 적용한 드 시터의 해에 포함된 '오류'를 지적하려고 시도했다. 엄격히 말하면 드 시터의 해에 오류는 없었다.

그러나 드 시터는 우주를 빈 공간으로 생각하는 자신의 모형에 대한 결론을 도출한 수학적 근거가 취약했으며, 르메트르는 이러한 약점이 중대한 오류로 확대될 수 있다고 지적했다. 그는 항상 이런 방식—수학적 오류를 발견하고 수정함으로써 문제에 대한 새로운 시각을 이끌어냈다—으로 접근했다(그래서 어떤 전기작가는 르메트르를 '빈틈없고 날카로우며, 한 발 앞서 가는 사람'이라고 표현했다).[4] 1925년에 발표한 그의 첫번째 중요한 논문인 〈드 시터의 우주에 관하여Note on de Sitter's Universe〉가 이런 방식으로 작성되었다.[5]

앞에서 언급했듯이 아인슈타인이 우주론적 고찰에 관한 논문을 발표한 지 몇 달 지나지 않아 드 시터가 《왕립천문학회월보》에 〈아인슈타인의 중력이론과 그 천문학적 적용On Einstein's theory of the Royal Astronomical Society〉이라는 논문을 발표했다. 드 시터는 그 논문에서 아인슈타인의 방정식을 이용하면 '물질이 전혀 없이 비어 있는(특히 에너지 밀도가 없는) 정적인 우주' 라는 결론을 도출할 수 있다고 주장했다.[6] 그의 논문은 이후 10여 년 동안 벌어진 상대성이론을 둘러싼 우주론 논쟁의 도화선이 되었다. 그 논쟁의 초점은 다음과 같은 두 가지 가능한 우주 모형 중에서 무엇을 선택할지에 대한 문제였다.

· 아인슈타인의 정적이고 공모양인 우주. 제한된 물질로 구성되는 우주로, 유한하지만 끝이 없다. 아인슈타인은 이러한 모형을 자신의 방정식에 대한 유일한 해로 생각했다.

· 드 시터의 물질과 에너지가 없이 편평한 우주. 앞에서 언급했듯이, 1922년과 1924년에 프리드만이 팽창우주와 붕괴우주라는 두 가지 모형을 제시했지만 이에 대해서는 아무도 인지하지 못한 상황이었다.

아인슈타인은 자신의 방정식에 대한 어떤 해든 빈 공간의 우주 모형을 시사할 경우 기본적으로 동의하지 않았다. 물질이 없는 공간은, 시공간의 휘어짐이 물질과 에너지에 의해 결정된다는 자신의 주장에 위배될 뿐만 아니라 중력장에서 물질의 이동경로가 시공간의 휘어짐에 의해 결정된다는 주장에도 모순된다. 말할 것도 없이, 아인슈타인은 자신의 정적인 우주 모형이 중력장방정식에서 도출 가능한 유일한 우주론적 해라는 믿음을 가졌기 때문에 드 시터가 해로 제시한 우주 모형을 인정할 수 없었다. 그 후로도 20여 년 동안 점점 더 많은 물리학자들이 자신의 방정식에서 도출한 그들 나름대로의 해와 우주 모형을 주장하였으나, 아인슈타인은 계속해서 이를 놀라운 마음으로 바라볼 뿐이었다.

아인슈타인은 계속 아무런 물질이 포함되지 않는 시공간의 우주는 가능하지 않다고 주장했다. 1917년부터 1920년대 말까지 논쟁이 계속되었는데, 많은 물리학자와 수학자들이 논문을 발표하며 이 논쟁의 무대에 뛰어들었다. 영국의 에딩턴, 독일의 헤르만 바일(Hermann Weyl), 그리고 미국의 리처드 톨먼(Richard C. Tolman)과 하워드 로버트슨 등이 그 주역들이었다. 이들은 아인슈타인이나 드 시터의 해 중에서 선택한 문제를 중심으로 자신들의 주장을 펼쳤다. 하지만 애석하게도 1925년에 사망한 프리드만이나 논쟁에 직접 참가하기보다는 숙고를 계속한 르메트르 외에는 누구도 정적(靜的)이지 않은 우주 모형에 대해서는 생각하지 않았다. 그리고 이러한 상황은 1920년대가 끝날 때까지 계속되었다. 어떻게 보면 이러한 상황이 이상하게 생각될 수도 있지만, 이 시기를 살펴볼 때는 두 가지 사항을 염두에 두어야 한다.[7]

첫째, 우주론이 아직 진정한 의미의 학문으로 자리 잡지 못하고 있었다. 우주론 연구를 위한 프로그램들도 없었고, 우주론 분야의 전문 잡지는 전무했다. 아인슈타인의 1917년 논문이 우리가 아는 우주론이라는 학문의 시작이었다. 이후 10여 년 동안에도 다른 분야—예를 들어 당시 한창 각광받던 원자물리학의 새로운 양자이론 등—에 비해 우주론을 깊이 연구하는 학자들은 드물었다. 학생들과 교수들은 우주론은 말할 것도 없이 일반상대성이론보다는 원자의 구조를 탐구하고 양자역학의 이론 체계를 구축하는 데 훨씬 더 많은 관심을 가졌다. 당연히 연구 기금도 그와 같은 분야에 더 집중되었다.

둘째, 앞에서도 보았듯이 아인슈타인의 일반상대성이론을 뒷받침하는 천문학적 증거는 기본적으로 다음과 같은 두 가지 현상으로 요약되었다: 별에서 오는 빛의 휘어짐, 그리고 수성 근일점의 전진. 많은 천문학자들과 물리학자들이 뉴턴의 고전적 이론을 수정하여 이러한 문제들을 설명하기 위해 노력을 기울여왔지만, 한편으로는 아인슈타인의 새로운 이론으로 도출되는 우주론적 결과에 대한 탐구에도 그만큼 많은 연구 노력들이 진행되어 왔다. 그래서 1917년부터 1927년 사이 아인슈타인과 드 시터는 당시 우주론에서 가장 핵심적 문제가 되던 이러한 '난제' 들에 대해 심혈을 기울인 논문을 주고받았다. 우주가 정적인 상태(두 사람은 물론 대부분의 다른 학자들도 그렇게 확신하고 있었다)인가에 대한 논의가 아니라 미국 캘리포니아와 애리조나에 설치된 망원경 관측으로 점점 쌓여가는 새로운 증거들로 볼 때 아인슈타인과 드 시터의 우주 중 어느 쪽이 더 타당한지에 대한 것이었다. 르메트르는 1925년에 발표한 논문(MIT에 제출한 박사학위 논문의 일부였다)으로 논쟁의 대열에 처음 합류했다. 드 시터의 해에는 분명한 약점이 있었는데, 반대로 생각하면 그러한 약점이 오히려 일반상대성이론을 적용한 우주 모형이라면 어떤 것이든 정적인 우주가 아닌 동적인 우주를 시사해야 함을 분명하게 말해주는 것이었다. 특히 드 시터의 해에 따르면 그가 말하는 텅 빈 정적 우주 안으로 던져지는 입자들은 모두가 다른 모든 입자에 대하여 멀어져가는 것으로 보이고 어느 정도의 적색편이를 나타냈다. 이것은 1929년 허블이 실제로 은하들이 멀어진다는 증거로 발견하여 보고

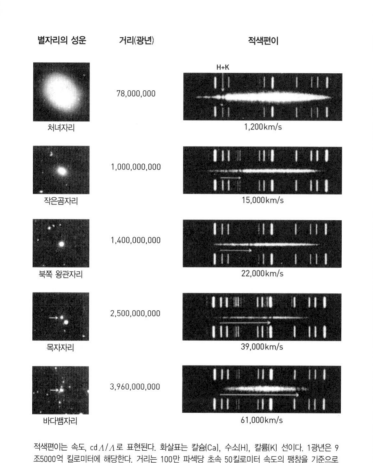

은하계 외부 은하까지의 거리와 적색편이의 관계

별자리의 성운	거리(광년)	적색편이
처녀자리	78,000,000	1,200km/s
작은곰자리	1,000,000,000	15,000km/s
북쪽 왕관자리	1,400,000,000	22,000km/s
목자자리	2,500,000,000	39,000km/s
바다뱀자리	3,960,000,000	61,000km/s

적색편이는 속도, cdΛ/Λ로 표현된다. 화살표는 칼슘(Ca), 수소(H), 칼륨(K) 선이다. 1광년은 9조5000억 킬로미터에 해당한다. 거리는 100만 파섹당 초속 50킬로미터 속도의 팽창을 기준으로 했다.

적색편이—거리 관계, 워싱턴 카네기연구소 천문대 자료

하게 되는 적색편이를 예고하는 것이었지만 당시에는 그렇게 인식하지 못했다. 예를 들어, 에딩턴은 이 현상을 드 시터 효과라 부르며 단지 표면적으로 그렇게 보일 뿐이라고 생각했다. 즉, 시공간의 기하학이 휘어져 있기 때문에 길이 효과에 의해 입자들 사이의 빛이 늘어나는, 혹은 적색편이되는 것으로 보인다고 설명했다.

르메트르는 그 이전부터 팽창우주 모형을 생각하고 있었기 때문에, 드 시터가 자신의 모형을 '정적인' 해라고 주장한 이유 중의 하나가 그의 방정식에서 좌표계를 잘못 설정하는 오류 때문임을 인식했다. 드 시터는 공간의 한 지점에서는 균일성이 없음을 가정했는데 이론적으로는 존재할 수 없는 공간이다. 아인슈타인의 우주와 드 시터의 우주는 모두 이론적인 목적에서 균일하며 등방형으로 가정한 우주였다. 즉, 상대성 이론의 원칙에 따라 어떤 특별한 지점이나 특별한 방향들이 없었다. 르메트르는 드 시터가 우연이지만 결과적으로는 자신의 우주에서 특정 방향을 부여했다고, 즉 '특별한' 좌표축이 있다고 보았다. 그리고 이것이 드 시터가 잘못된 결론에 도달하게 된 이유라고 주장했다. 예를 들어 그와 같은 우주에 우리가 볼 수 없고 초월 불가능한 우주지평(에딩턴이 자연의 모든 과정들이 멈춘다고 말한)이 존재하는 것과 같은 것이다. 르메트르는 좌표를 변화시키면 우주의 상대성이론에서 말하는 균일성과 등방성이 유지될 수 있음을 확인했다. 그리고 이 우주의 규모 요소 혹은 '반경'은 일정할 수 없다고 주장했는데, 이것은 아인슈타인과 드 시터가 제시한 해 모두에 적용되었다. 실제로 르메트르는 우주의 반경은 시간에 따라 증가하는 함수이며 우주 공간 내의 모든 지점들 사이의 거리가 증가함을 보여주었다.

그러므로 드 시터의 우주는 텅 빈 공간이지만 팽창한다. 르메트르는 또 우주 공간은 균일하면서도 아인슈타인이 말하는 공 모양 모형처럼 닫혀 있지는 않다고 주장했다. 무한히 팽창할 수 있으며 편평한 공간이다. 간단히 말해 르메트르는 드 시터의 우주가 팽창우주 모형의 제한된 한 가지 예라고 주장했다. 그리고 당시 드 시터는 자신의 우주 모형을 '정적인' 모형으로 생각했지만, 과학사가들은 그렇게 생각하지 않는다. 르메트르가 〈드 시터의 우주에 관하여〉라는 논문에서 드 시터 우주 모형의 '정적인' 특성이 본질적으로 수학적 오류임을 밝혔기 때문이다. 드 시터의 우주에 대한 르메트르의 해석은 나중에 등장하는 '정상우주론'과 '급팽창이론(inflation theory)'의 핵심적 토대가 되었다.

　　이제 르메트르는 자신의 획기적 논문에 서문을 썼다. 프리드만의 연구처럼 우주에 관한 완전히 새로운 동적 모형을 제시하는 논문이었다. 그러나 한 가지 본질적인 차이가 있었는데, 우주의 진화를 나타내는 르메트르의 우주 모형은 은하들에서 관찰되는 적색편이로 시공간의 팽창을 설명하고, 아인슈타인과 드 시터 두 사람 모두의 우주 모형을 토대로 했다. 그리고 은하들이 멀어지는 시선속도는 그 은하들의 거리에 직접적으로 비례한다는 법칙(허블의 법칙)에 따라 우주가 팽창한다고 주장했다.

　　르메트르의 동적 우주 모형과 드 시터 모형 사이의 핵심적 차이에 다시 한 번 주목할 필요가 있다. 드 시터의 우주공간은 천체들이 서로 멀어져감을 시사해주었으며, 그는 1920년대 초 당시 천문학자들이 관측한 적색편이의 일부가 드 시터 효과로 해석될 수 있다고 주장했다. 그러나 드 시터뿐만 아니라 다른 학자들도 그와 같은 멀어짐이 시공간 자체의 팽창에 의한 것이라고는 생각하지 않았다. 르메트르에 따르면 드 시터의 연구는 그 자신이 생각한 것보다 훨씬 중요한 것을 시사하고 있었다.

1925년에 발표된 르메트르의 논문은 당시 천문학계에 거의 영향을 미치지 않은 것처럼 보였다. 르메트르의 일생에 관해 앙드레 드프리가 쓴 글에 나와 있는 드 시터의 반응은 1927년의 논문과 관련된 것으로 보인다. 그리고 제3차 국제천문학총회에서 르메트르가 드 시터에게 다가 갔을 때에도 드 시터는 르메트르의 연구에 대해 깊이 생각하지 않았던 것 같다. 총회는 1928년 7월 5일에서 18일까지 네덜란드 레이덴에서 개최되었는데, 드프리에 따르면 당시 학회장을 맡고 있던 드 시터는 자부심으로 가득 차 있었다(물론 이와 같이 명백한 개인적 느낌에 대해서는 확인할 방법이 없다).

아인슈타인의 경우에는 통일장이론의 예비 버전을 탐구하는 데 몰두해 있었다. 그는 자신의 남은 생애 내내 그 이론 수립에 노력을 기울였다. 아인슈타인은 또한 당시 부쩍 늘어난 그의 여행길 곳곳에 기다리고 있던 기자들에게 했던 연설 등을 통해 정치적 활동도 활발하게 전개했다. 아인슈타인은 드 시터와는 협력관계를 유지했지만, 자신의 이론이 다른 물리학자들이나 천문학자들에게 끼친 영향에 대해 거의 인식하지 못했다.

이 기간 동안 아인슈타인은 일반상대성이론의 우주론적 결과에 대해 매우 부정적인 태도로 임했다. 프리드만이 1922년과 1924년 논문에 발표한 팽창우주 모형을 짧지만 강력하게 비판하는 반 페이지 분량의 논문을 벨기에 《물리학회지》에 발표한 것이 그 대표적 예라 할 수 있다.

양자역학에 대한 보어의 해석처럼 아인슈타인은 자신이 문제를 제기해야 한다는 강박감을 느끼고 있었던 것으로 보인다. 1927년 10월에 열린 솔베이 회의에서 르메트르가 아인슈타인을 만났을 때 이와 같은 태도가 한 번 변하게 된다.

르메트르는 논문 〈드 시터의 우주에 관하여〉를 완성한 후 루뱅가톨릭대학의 물리학교수로 부임하여(오래 근무하지는 않았다), 1925년에서 1927년 사이 논문의 후속 연구를 했다. 아인슈타인 방정식의 완전한 해가 되는 팽창우주 모형을 상세히 구성하는 연구였다. 그 연구 결과는 〈일정한 질량을 가진 균일한 우주와 증가하는 반경: 외부 은하의 시선속도에 대한 설명〉이라는 긴 제목의 논문으로 발표되었으며, 이것은 르메트르가 드 시터의 우주에서 찾아낸 결점을 보완해가는 출발점이 되었다.

우주의 균일성을 유지하기 위해 그와 같은 형태의 시공간 좌표와 그에 상응하는 영역을 사용한다면 우주는 '정적인' 상태가 될 수 없다. 우주는 아인슈타인이 말한 우주와 같은 형태가 되는데 그 반경은 일정하지 않아서 시간에 따라 변화하며 특정한 법칙이 적용된다.

아인슈타인의 우주에서 공간 혹은 우주의 반경이 변화될 수 있다고 생각하면 아인슈타인과 드 시터의 우주 각각이 가지는 장점을 결합한 해를 찾을 수 있다.[8]

르메트르는 처음부터 아인슈타인과 드 시터의 해를 좀 더 포괄적인 우주 모형의 제한된 사례들로 생각하고, 이 두 가지 모형 모두를 포용하는 우주론적 해를 원했다. 그와 같은 우주는 닫혀 있어야 할 뿐만 아니라(아인슈타인의 초기 해에 따라 유한하지만 경계가 없음을 의미한다), 균일하고 등방형으로(드 시터의 해에 따라) 양의 곡률을 가져야 했다. 그러나 무엇보다 중요한 것은 르메트르가 팽창하는 우주 모형을 원했던 것이다. 천문학자들이 이미 관측한 외부은하들의 적색편이 현상을 설명해줄 수 있는 우주 모형이었다. 르메트르는 허블과 슬라이퍼를 만나 이야기하며 이러한 관측 데이터들을 수집했다.

이것은 사소한 문제가 아니었다. 일반상대성이론이 발표된 이후 초기인 1920년대와 1930년대에는 이론의 수학적 추론과 물리학적 관찰 및 그에 대한 검증 사이에 커다란 틈새가 존재했다. 많은 물리학자들과 천문학자들은 아인슈타인의 중력장방정식에서 도출된 우주론적 모형을 순수하게 이론적인 것으로 간주했다. 그리고 양자물리학이나 핵분열에

1933년 패서디나에서 르메트르와 아인슈타인, 그리고 로버트 밀리컨

대한 관심과 열정이 증가하면서 일반상대성이론과 우주론은 이 기간 동안 비교적 소수의 물리학자들만 관심을 가지는 난해한 영역으로 취급되었다.

이렇게 난해해 보이는 분야였지만 르메트르는 자신의 우주 모형을 구성할 때 가능한 한 많은 실제 데이터들을 기반으로 하였다. 실제로 르메트르는 허블의 추정 시간을 이용하여 자신이 구성한 우주 모형의 반경을 다음과 같이 계산했다. $R_E = 8.5 \times 10^{28}$센티미터$= 2.7 \times 10^{10}$파섹.

르메트르는 아직 어떤 형태로든 우주의 시간적 시작에 대해 논의하지 않았다. 하지만 20세기 우주론에 관한 많은 책에서는 이에 관해 잘못 적고 있다. 그의 1927년 논문은 우주의 팽창이 아인슈타인이 말하는 초기의 정적인 상태에서 시작되었다고 주장한다. 빅뱅이 아니며 무(無)로부터 물질의 폭발도 아니었다(실제로 르메트르는 철학적 교육을 받았지만 '창조'가 과학적으로 의미 있는 용어로 정의될 수 있다고 주장한 적이 없다). 그는 현재와 같은 우주를 아인슈타인의 정적인 해에서 출발한 우주 모형으로 설명하고자 했다. 즉, 무한한 시간의 과거에서부터 존재해왔고, 진화하여 궁극적으로는 편평한 드 시터의 모형으로 팽창하는 우주였다. 좀 더 발전된 그의 원시원자(primeval atom) 이론 혹은 초기 우주 기원은 그가 나중에 아인슈타인의 우주에서 시작하는 모형의 물리학적 결함을 인식한 다음에 등장했다.

르메트르는 자신의 논문을 완성하고 나서 이상하게 그 논문을 벨기에 《물리학회지》와 같이 널리 읽히는 잡지가 아니라 비교적 덜 알려진 벨기에 잡지인 《브뤼셀 과학자협회 연보》에 제출했다. 그리고 영국왕립학술원의 월간 보고서(드 시터는 여기에 자신의 논문들을 게재했다)에

실을 수 있도록 에딩턴에게 논문을 보낼 생각도 하지 않았던 것으로 보인다. 불행하게도 르메트르가 천지개벽이라 할 수 있을 자신의 논문을 게재하기 위해 선택한 곳은 학자들이 거의 읽지 않는 잡지였으며 과학 사가들에게 이 점은 수수께끼와 같은 문제가 되었다(다른 한편으로, 프리드만의 논문은 당시 가장 유명한 물리학 잡지에 게재되었고 아인슈타

패서디나에서 르메트르와 아인슈타인. 우주상수에 관해 이야기하고 있는 것으로 보인다.

인까지 논문에 대해 언급했음에도 거의 무시되었던 상황을 고려하면 전적으로 이상한 일만은 아니다). 르메트르가 자신의 우주 모형이 크게 주목받는 것을 꺼려했기 때문에 벨기에 국내에서만 주로 읽히는 소규모 잡지를 선택했을 것이라는 의견도 있다. 자신의 모형이 아직은 이론적이고 매우 도발적으로 보일 수 있음을 알았기에 당시에 이단으로 취급될 자신의 새로운 우주이론에 관심이 쏠리는 것을 원하지 않았다는 설명이다. 이것은 어느 정도 정확한 해석일 것이다. 오늘날의 시각으로 보면 빅뱅 모형이 표준이며 우주의 팽창이 당연하게 생각되지만, 1920년대의 상황에서 르메트르의 모형이 얼마나 혁명적으로 보였을지는 상상을 초월할 것이다. 특히 그때는 거의 모든 은하들이 태양으로부터 멀어지고 있다는 에드윈 허블의 관측 결과가 발표되기 전이었다.

막스 플랑크를 포함한 아인슈타인 시대의 물리학자들은 수세기 동안 유럽을 지배해오던 '정적인 우주' 라는 개념으로 교육받았다는 점에서 19세기 학자들이나 다름없었다. 그리고 그들은 그러한 개념을 변화시킬 생각도 하지 않았다. 아인슈타인의 경우 처음에 자신의 중력장방정식으로 도출된 우주 모형들이 모두 동적인 우주를 시사했음에도 생각을 바꾸지 않았다.

그러나 또 한편으로 르메트르가 주목받기를 망설였다는 해석은 논문 발표 직전의 몇 년 동안 그가 보여준 행동들을 생각하면 맞지 않는다. 그는 미국과 캐나다 전역을 여행하며 허블, 슬라이퍼, 섀플리 등 당시의 뛰어난 천문학자들 모두와 논의를 주고받았다. 그리고 자신의 연구에 항상 관심을 가져주던 스승 에딩턴과는 지속적으로 논의를 했으며, 비록 왜곡으로 드러난 논문이지만 실버스타인의 논문에도 많은 관

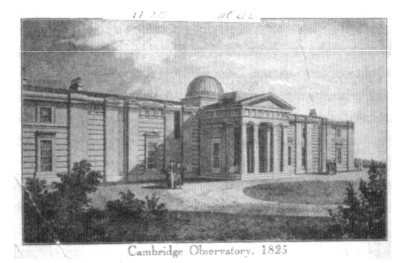

Cambridge Observatory, 1825

1933년 에딩턴이 르메트르에게 보낸 우편엽서의 앞면

심을 가졌다. 이러한 여러 행동들로 보면 르메트르가 자신의 연구를 적극적으로 알리길 꺼려했다고 생각할 수 없다. 오히려 그 잡지가 자신의 논문을 빨리 실어줄 것이라는 조급한 마음에서 작은 학술지에 논문을 게재했을 수도 있다. 만약 그와 같은 이유였다면 논문이 실린 이후에 진행된 상황은 르메트르로 하여금 자신의 판단을 크게 후회하게 만들었을 것이다. 정확한 사연이 어찌되었건 우리가 알고 있는 것은 그 이후 2년 동안의 상황이다. 그것은 무반응으로 일관된 침묵이었다. 그의 지도교수였던 에딩턴조차 르메트르로부터 논문 사본을 우편으로 받았지만, 나중에 읽어볼 마음으로 미루어두었다가 잊어버리고 말았거나 혹은 읽었더라도 그 논문을 별로 중요하게 생각하지 않았을 것으로 보인다. 어찌되었건 르메트르의 논문은 2년 이상 묻혀서 빛을 보지 못했다.

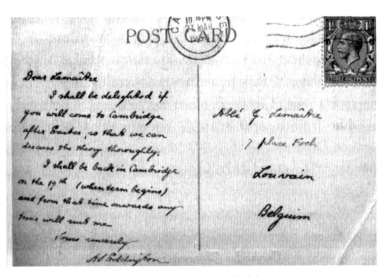

1933년 에딩턴이 보낸 엽서의 뒷면.
르메트르의 이론들에 대해 토의하기 위해 만날 계획을 이야기하고 있다.

이 기간 동안인 1929년, 르메트르가 초기에 패서디나로 여행할 때 만났던 칼텍의 물리학자인 톨먼(나중에 르메트르와 함께 연구하게 된 학자다)이 아인슈타인과 드 시터의 우주 모형이 가지는 문제들에 대한 자신의 대안을 제시했다. 톨먼은 프리드만이 1922년에 제시했던 내용을 재발견했다. 중력장방정식에 대한 아인슈타인과 드 시터의 해는 비(非)정적이고 제한된 경우에 불과하다는 주장이었다. 그보다 1년 전에는 미국의 물리학자인 로버트슨이 르메트르의 1925년 논문 〈드 시터의 우주에 관하여〉를 읽지 않은 상태에서 이와는 별개로 드 시터의 해에 대해 르메트르와 동일한 비판적 결론에 도달했다.

이제 그다음 단계는 허블의 위대한 연구 결과가 발표될 때까지 미루어졌다. 허블은 1925년에 이미 천문학계를 놀라게 했는데, M31(안드로메

다른은하)에 위치한 세페이드 변광성들의 관찰을 토대로 이 은하가 80만 광년 떨어진 거리에 있다고 추정한 것이다. 이 거리는 은하수의 크기보다 더 멀기 때문에 우리가 소속된 은하수도 수많은 은하들 중 하나에 불과하게 되었다.

허블은 좀 더 많은 수의 외부은하들과 그들로부터 관찰되는 적색편이에 대한 상세한 연구 결과를 발표했다. 앞에서 보았듯이 1920년 이전에 슬라이퍼는 몇몇 은하들에서 관측되는 적색편이 유형을 연구하여 이들 은하들이 태양으로부터 엄청난 속도로 멀어져가고 있음을 시사해준다고 주장한 바 있었다. 그러나 허블이 이를 아인슈타인이나 드 시터의 우주 모형과 연결시키기 위해서는 더 많은 관측 결과가 필요했으며 기존의 관측 자료들도 재검토해야 했다.

1925년에서 1929년 사이, 허블과 그의 동료 밀턴 휴메이슨(Milton Humason)은 몇 달 동안 윌슨산 천문대의 100인치 반사망원경으로 끈기 있게 관측하여 가능한 한 많은 수의 은하들로부터 새로운 적색편이 데이터들을 수집했다. 그리고 마침내 46개 은하로부터 수집한 25개의 스펙트럼을 분석하여 그 결과를 발표했다. 허블은 1929년 〈외부은하들에서 거리와 시선속도 사이의 관계에 대하여〉라는 유명한 논문을 발표했는데, 후일 이 논문이 끼칠 영향에 비해서는 평범한 제목이었다.[9] 그는 차분한 어조로 이렇게 적었다.

결과는 이미 알려진 은하들의 속도와 거리 사이에 비례관계가 있음을 보여주며, 이러한 관계는 은하들의 속도 분포를 결정하는 것으로 보인다.
그러나 무엇보다도 특징적인 현상은 속도-거리 관계가 드 시터 효과를 반영하는 것일 가능성이다. 그러므로 그 숫자 데이터는 공간의 일반적 휘어짐에 관한 논의에 활용될 수 있다.

우주공간에서 더 멀리 떨어진 은하일수록 멀어지는 속도가 빠르게 나타났다. 허블은 이렇듯 은하가 멀어지는 속도의 평균을 초속 500킬로미터로 계산했다. 이것은 르메트르가 그보다 2년 전인 1927년 논문에서 추정한 초속 625킬로미터만큼 빠르지는 않았다.

이제 이론가들의 차례가 되었다. 거리와 시선속도 사이의 관계가 아인슈타인과 드 시터의 해 어느 쪽에도 맞지 않음이 명백해졌다. 이제 무엇을 해야 할지 아무도 몰랐다. 마침내 에딩턴이 심사숙고한 후 아인슈타인과 드 시터의 해를 '허블의 법칙'에 맞게 보완할 필요성에 대해 공식적으로 언급했다. 1930년 1월 영국왕립학술원 회의에서였다(당시 그는 이렇게 재치 있게 말했다고 한다. "자, 아인슈타인의 우주를 살짝 움직이게 해보거나, 아니면 드 시터의 우주 안에 물질을 조금 넣어볼까요?"). 그 회의의 내용은 몇 달 뒤에 발표되었다. 르메트르는 벨기에에서 회의 내용을 읽고 즉시 에딩턴에게 편지와 함께 자신의 1927년 논문 사본을 다시 한 번 보냈다. 사실은 자신이 이미 그 문제를 해결했다는 내용이었다.

당시 에딩턴의 제자였던 조지 맥비티(George McVittie)는 오랜 시간이 지난 후, 왕립천문학회 앞으로 르메트르의 부고장을 쓰면서 당시의 모습을 이렇게 회고했다.

저는 에딩턴이 르메트르의 편지를 내게 내밀면서 무안한 표정을 짓던

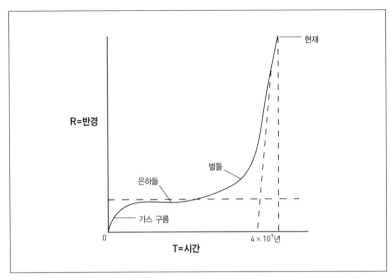

고다르와 헬러의 1985년 저서에 실린 그림을 바탕으로 한 개괄적 모습. 1930년대 중반부터 르메트르의 우주 모형을 보여준다. 시간 t=0에서 시작하여 양의 우주상수로 현재 시기까지 팽창해왔다. 고다르에 따르면 현재의 우주반경은(르메트르가 이러한 모형을 구상할 때를 의미한다) 아인슈타인이 생각한 우주 반경의 약 10배였다. 4×10^9이라는 크기의 시간은 당시 추정된 허블상수 값에서 계산한 것이다.

모습을 기억합니다. 르메트르가 문제의 해답을 이미 찾았으며 예전에 관련 논문을 에딩턴에게 보내주었다는 내용이었습니다. 에딩턴은 르메트르의 1927년 논문을 보았지만 그 순간까지 까맣게 잊고 있었다고 탄식했습니다. 이와 같은 내용에 대해 에딩턴은 즉시 편지를 적어 보내 1930년 6월 7일자 《네이처》지에 실림으로써 3년 전에 발표된 르메트르의 뛰어난 연구가 주목을 받게 되었습니다.[10]

새로운 해를 얻게 된 에딩턴은 르메트르의 논문을 영어로 번역하여 영국 《왕립천문학회 보고서》에 게재했다. 드 시터는 몇 년 전에는 늦게 반응을 보였지만 이번에는 다른 어느 누구보다도 즉시 그 중요성을 간파했다. 르메트르는 단 한 번 만에 진화하는 우주에 관한 최초의 모순 없는 모형을 만들었다. 시선속도와 거리 관계에 대한 허블의 관측 결과와 훌륭하게 조화되는 모형이었다(허블이 그 결과를 발표하기도 전이었다).

허블의 법칙은 르메트르의 법칙이라 불러도 되었다. 이제 르메트르의 공적인 생활이 시작되고 있었다. 그의 해는 우주의 팽창이 이제 더 이상 수학적 환상이 아님을 인정받게 해주었다.

6. 원시원자

나는 과학자로서, 우주가 대폭발로부터 시작했다는 것을 믿지 않는다.
－아서 에딩턴, 〈물리적 세계에 관하여〉

우리의 우주론 가설을 완전히 바꿔야 할 필요가 있으며, 우주의 초기 조
건에 대한 검증이 시급하다. 우리는 우주 진화의 '폭발' 이론을 원한다.
마지막 20억 년 동안은 서서히 진화했다. 밝지만 매우 빠른 폭발의 연기
이자 재에 해당하는 시기이다.
－조르주 르메트르, 〈우주의 진화〉

만년의 르메트르는 과학자들의 의심스런 눈길을 상대해야만 했다. 프레
드 호일(Fred Hoyle)이나 윌리엄 보너(William Bonnor) 같은 천문학자와 물리
학자들은 르메트르의 원시원자이론이 종교적 신념의 영향을 받았을 것
이라고 의심했다. 가톨릭 신부 교육이 우주의 기원에 대한 그의 관점을
왜곡시켜서 성서 창세기의 창조 이야기에서 화구(火球, fireball) 개념을 이
끌어내게 되었으리라는 것이다.

　　패서디나의 칼텍에 있는 애서니엄(Athenaeum)에서 아인슈타인을 만

났을 때, 르메트르는 1927년 솔베이 회의 기간 중 레오폴드 공원에서 만났을 때보다 아인슈타인이 자신의 연구에 훨씬 더 많은 관심을 가지고 있음을 알았다. 르메트르는 두 개의 세미나를 주재할 예정이었는데, 하나는 아인슈타인과 드 시터 우주의 문제에 대한 해로서의 팽창우주를 다룬 자신의 1927년 논문을 검토하는 세미나였다. 다른 하나는 우주 시초의 초밀도 우주 양자가 남긴 화석일 가능성으로서의 우주선(宇宙線, cosmic rays)에 대한 논의였는데, 이 벨기에인 물리학자에게는 이것이 더 중요했다.

그로부터 한참 후인 1958년, 르메트르는 짧은 라디오 좌담에서 자신과 아인슈타인의 교류에 대해 이야기한 적이 있다. 그는 둘이 함께한 자리에서 아인슈타인이 르메트르의 팽창우주 핵에 형이상학적 의미가 너무 담겨 있기 때문에 받아들일 수 없다며 르메트르에게 불만을 표시했다고 회상했다.

그에게 우주선의 기원에 관한 내 생각을 말하자 그는 흥분하며 "밀리컨* 과는 이야기해봤나요?"라고 말했다. 내가 그에게 원시원자에 대해 말하자 내 말을 끊으며 "아니야, 그건 아니야. 창조의 냄새가 너무 많이 나요"라고 말했다.[1]

당시 칼텍의 교수로 있던 로버트 밀리컨은 우주선 연구의 최고 권위

---

* 로버트 밀리컨(Robert Millikan): 전자의 전하량과 플랑크상수 값을 구했으며, 단파장의 우주 복사선을 발견하여 우주선이라 명명했다. 1923년 노벨물리학상을 수상했다.

자였으며, 르메트르는 그 후 여러 해 동안 우주선에 관해 그와 논의를 하였다. 르메트르는 우주선들을 '화염과 연기(fire and smoke)' 같은 것으로 믿었다. 즉, 자신이 이론화한 우주 전체의 진화 출발점인 초고밀도 우주 핵이 남긴 잔재로 생각했다. 아인슈타인은 자신의 이론에서 그와 같은 주장이 가지는 중요성을 이해하고 있었음이 분명함에도 원시원자 이론에 대해 갑자기 화를 낸 것은 이상하게 보인다.

사실 아인슈타인은 우주의 시작이라는 생각에 별 저항감이 없었을 뿐만 아니라, 특이점이라는 개념 없이 시공간의 출발점을 구성할 수 있는 가능성을 두고 르메트르와 토론하기도 했다. 아인슈타인의 중력장방정식에서 특이점은 밀도나 압력과 같이 필수적 요소라 할 수 있다. 방정식의 어느 한 가지 혹은 몇 가지 요소가 무한대로 커지면 일반상대성이론 방정식이 붕괴되어 방정식 자체가 성립할 수 없게 된다. 아인슈타인은 우주의 시초에 특이점의 개념이 아닌 모든 방향에서 동일하며 균질한 모형의 가능성을 생각해보라고 했다. 실제로 르메트르는 이 문제에 관해 논문을 작성하여 1932년에 발표했다. 하지만 우주의 시초가 특이점으로 귀결되는 것은 피할 수 없음을 확인했다. 그럼에도 르메트르와 아인슈타인 두 사람 모두 그 결론이 반드시 실제적인 물리 현상을 의미한다고는 생각하지 않았다.

나중에 로저 펜로즈(Roger Penrose)와 스티븐 호킹(Stephen Hawking)에 의해 특이점이 모든 실제적 우주 모형에서 필연적임이 증명되었다. 그러나 아인슈타인은 우주론적 모형에서 시간의 시초와 관련해 자신의 책 《상대성이론의 의미Meaning of Relativity》에 이렇게 적었다.

"팽창의 시작이 반드시 수학적 의미에서 특이점을 말한다고 결론

내릴 수는 없다. ……그러나 이렇게 생각한다고 해서, 별들과 별들의 무리들이 개별적 형태로 존재하지 않았던, 그리고 그로부터 현재와 같은 별들과 별들의 무리들이 발달해온 '세계의 시작'이 실질적으로 우주의 시작이라는 사실이 바뀌지는 않는다."[2]

이러한 말로 미루어볼 때 아인슈타인은 우주에 시간적 시작이 있을 가능성을 적극적으로 받아들일 생각이 있었던 것으로 보인다. 그리고 비록 르메트르에게는 빈정거리는 투로 말했지만, 그는 시공간의 기원이 무로부터 세계의 창조와 같은 개념이 아니라는 것을 충분히 인식할 수 있을 철학적 배경을 가지고 있었다. 본질적으로 아인슈타인이 생각하는 창조의 개념은 과학적 영역 바깥에 속했다.

아인슈타인과 르메트르는 칼텍의 애서니엄 주위를 산책하면서 많은 이야기를 나누었다. 당시 아인슈타인은 허블이 은하들이 멀어지는 현상을 발견함으로써 자신의 이론에 근거한 팽창우주 모형에 충분한 설득력이 생겼다고 생각하고 있었다. 하지만 르메트르는 우주상수 Λ(람다)를 일반상대성이론의 중력장방정식에 계속 포함시켜야 한다는 자신의 주장에 아인슈타인이 귀를 기울이는 것으로 생각했다. 아인슈타인이 가는 곳은 어디나 기자들이 따라다니며 자신과 이 위대한 물리학자의 토의 모습을 지켜보고 있었기에 르메트르는 즐거웠다. 최고의 물리학자와 사제가 걸어가면서 나누는 이야기는 곧 화제가 되었다. 기자들은 '람다'라는 단어를 잘못 알아들어 그들이 '어린 양(little lamb)'에 관해 토의하는 것이 분명하다고 속기로 적었다. 그때 르메트르는 담배를 피웠고 아인슈타인은 파이프담배를 애용했다. 아인슈타인의 아내 엘자는 남편에게 담배를 줄이라고 자주 말했지만, 르메트르는 아인슈타인의 파이프

담배 주머니가 빌 때면 자신의 담배를 주어서 더 피우게 했다.

일부 사람들은 르메트르의 연구가 1927년 이후 원시원자이론을 계속 발전시켜 왔다고 보고, 아인슈타인과 드 시터의 해를 활용하여 팽창 우주 모형을 전개한 그의 논문이 처음부터 우주의 기원을 시사한다고 설명한다.[3] 그러나 앞에서 보았듯이 르메트르의 1927년 논문은 기존에 존재하던 아인슈타인의 정적인 우주 모형에서 확대된 모형이 시간에 따라 진화하여 가상적으로 텅 빈 공간인 드 시터의 모형으로 되는 확대 모형에 불과했다. 이것이 당시 그가 생각한 동적인 우주 모형의 전부였으며(우주의 기원에 대한 문제가 아니었다), 아인슈타인은 이와 같은 동적인 개념에 반대했다. 아인슈타인은 일찍이 1922년 프리드만이 제안한 동적 우주 모형에도 반대했다. 1927년 아인슈타인은 창조를 생각나게 할 수도 있는 문제들에 대해 르메트르에게 아무런 말도 하지 않았다. 이 문제는 나중에 등장한다.

빅뱅이론의 기원은 명확하지 않지만 르메트르의 논문들에 담긴 논리와 상대성이론의 중력장방정식 논리를 따라가 보면 그 발전을 알 수 있을 것이다. 1930년에 에딩턴이 르메트르의 1927년 논문을 번역하여 발표했을 때, 르메트르는 이미 아인슈타인의 우주 모형이 안정성에 문제가 있음을 인식하고 있었다. 즉, 아인슈타인이 말하는 정적인 상태의 우주에서 시작해서 무한한 과거까지 되돌리면 우주 모형에 문제가 생겼다. 물리적인 이유였다: 아인슈타인의 정적인 우주는 무한의 시간 동안 그 자체가 유지될 수 없었다. 르메트르는 아인슈타인 우주의 팽창속도가 과거에 로그값으로 감소되었음을 알 수 있었다. 이것은 그와 같은 우주의 팽창이라는 물리적 과정 역시 같은 속도로 감소되었다는 의미였다. 그러한 우주는 (실제로) 시간적으로 무한할 수 없었다. 아인슈타인의 정적인 우주 모형을 자세히 검토해볼 때 우주 모형으로 성립되기 위해서는 모든 물리적 과정에 어떤 종류의 시작이 존재해야만 했다.

뛰어난 양자물리학자로 노벨상을 수상한 폴 디랙(Paul Dirac)은 르메트르가 팽창우주 모형에 관해 가장 중요한 논문을 썼던 그해에 양자 전자기학 이론의 토대를 구축했으며, 상대성이론의 우주론에 대해서도 많은 관심을 가졌다. 그는 허블의 관측 데이터와 비교할 때 르메트르가 1927년의 초기 모형에서 부딪힌 문제에 대해 잘 알고 있었다.

팽창속도가 일정하다고 가정하고 허블상수로 계산하면 팽창이 시작된 시점은 109년 전이다. 하지만 우주학자들은 별의 진화에 소요된 시간이 이보다 훨씬 길다는 것을 알고 있기 때문에 이러한 차이는 커다란 어려움으로 다가온다. 그래서 르메트르는 자신이 처음 제안했던 모형을 선호했다. 팽창이 무한한 과거에서 시작되었다고 보는 모형이다.

그러나 그는 우주의 시작을 이렇게 무한한 과거로 되돌린다고 해서 그와 같은 불일치가 해소되지 않는다는 인식에서 이와 같은 관점을 수정했다. 팽창의 초기 단계에는 모든 물리적 과정들이 극단적으로 서서히 진행되고, 무한한 과거로 가면 그 속도가 로그값으로 느려지기 때문이었다. 그러므로 초기 단계에서 가외의 긴 시간 동안 별들의 진화는 많이 일어나지 않았다. 이와 같은 주장은 르메트르가 아인슈타인 방정식의 물리학적 의미를 깊이 이해하고 있음을 보여준다.[4]

다른 말로 하면, 아인슈타인이 제안한 것처럼 무한의 기간 동안 정적인 상태였던 우주 모형에서 팽창우주 모형을 시작할 경우 '시간을 채울' 실제적 방법이 없었다. 즉, 우주의 진화 그 자체는 팽창과 분리될 수 없었다. 이 두 가지는 함께 진행되어야 했다. 그래서 어떤 형태의 시작이라는 개념을 탐구하게 된 것이다. 사실 우주의 실제적 기원이라는 문제는 르메트르가 1927년의 논문을 쓴 직후부터 그를 괴롭히기 시작했다. 1930년에 그의 동료들과 언론에서는 모형을 널리 알리고 축하도 했지만 르메트르 자신은 처음 모형에 불만을 가지게 되었다. 그는 물리학적으로 좀 더 만족스런 우주 모형을 만들어야 한다고 생각했지만 1931년에야 이 문제를 파고들 수 있었다.

이번에도 에딩턴은 르메트르 원시원자 가설의 지지자였다. 이 영국인 천문학자는 영국수학협회에서 '수리물리학적 입장에서 본 세계의 종말에 관하여'라는 강연을 하며, 우주가 서서히 열의 죽음을 향해 간다는 생각에 동의했다.[5] 그러나 그는 또한 현재 상태의 우주를 과거로 되돌려 추정하면 '시작'이 존재할 가능성도 있다고 말했다.

시간을 거슬러 가면 세계는 점점 더 뭉쳐 있는 형태를 띨 것이다. 거슬러 올라가는 여행을 너무 빨리 멈추지 않는다면 세계의 물질과 에너지가 가능한 최대로 뭉쳐진 때에 도달하게 될 것이 틀림없다. 거기서 더 이상 거슬러 올라갈 수는 없다. 시간과 공간의 갑작스런 끝이다. 우리는 이 상태를 일반적으로 '시작'이라 부를 수 있을 것이다. ⋯⋯철학적으로 볼 때, 현재와 같은 자연 질서의 시작이라는 생각은 내게 어색한 개념이다.

이 마지막 문장은 르메트르에게 충격이었다. 이에 대응하여 르메트르는 《네이처Nature》지에 편지를 보냈는데, 그 내용은 3개월 후 〈양자이론의 관점에서 본 세계의 시작에 관하여〉라는 제목으로 실렸다.[6] 여기에서 르메트르는 처음으로 자신의 이론을 분명히 제안했으며, 이것을 토대로 빅뱅이론이 발전하게 되었다. 그는 처음에 자신의 이론을 우주 '폭발'의 기원으로 소개했다. 《네이처》에 실린 이 편지에서 가장 특징적인 것은—우주의 시간적 시작이라는 생각에 관한 논의와는 별개로—처음으로 우주의 기원 개념에 양자물리학을 직접적으로 연결시킨 것이다.

르메트르는 오래전부터 아인슈타인의 중력장방정식에 근거한 우주 모형들처럼 순수하게 기하학적인 우주 모형들에는 약점이 많다고 생각해왔다. 이와 같이 기하학적인 거대 우주 모형들은 이론적인 관점에서 볼 때는 만족스러웠다. 그러나 물리학자이면서 수학자이기도 한 르메트르에게는 문제가 있는 모형으로 보였다. 르메트르의 연구 동료인 톨먼 또한 같은 생각이었기 때문에 1929년 발표한 그의 팽창우주 모형을 르메트르처럼 허블이 측정한 적색편이와 과감하게 결부시키지 못했다.

양자역학이 발전하는 초기 단계였고, 중성자와 같이 우리가 당연하게 여기는 입자들도 아직 발견되지 않았지만, 르메트르는 우주의 기원에 관한 현실성 있는 모형이 되려면 양자역학의 극히 미소한 수준에서 출발해야 함을 인식했다. 그는 1931년 5월 9일, 《네이처》에 이렇게 시작하는 편지를 보냈다.

아서 에딩턴 경은 철학적으로 현재와 같은 자연 질서의 시작이라는 개념을 받아들이기 어렵다고 말했습니다. 하지만 저는 현재의 양자이론에서 볼 때 세계의 시작은 현재와 같은 자연 질서와 크게 다를 것이라 생각합니다.

양자이론의 관점에서는 열역학적 원칙들을 다음과 같이 규정할 수 있습니다. (1)일정한 에너지 총량이 양자들에 분산되어 있다. (2)분산된 양자들의 숫자는 계속 증가해간다. 만약 시간을 거꾸로 돌리면 양자들의 수가 점점 적어질 것이며, 마침내 우주의 모든 에너지가 몇 개 혹은 단 하나의 양자 안으로 집중될 것이다.

그는 더 나아가 어떤 수준이 되면 시간과 공간 자체가 양자로 될 수밖에 없다고 주장했다(이제는 일반상대성이론을 연구한 학자들이라면 이를 당연하게 여긴다).

이제 원자의 과정에 시간과 공간의 개념은 더 이상 통계학적 의미가 아닙니다. 단지 적은 수의 양자들만 포함되는 개별적 현상들에 적용하면 이러한 개념들은 사라지게 됩니다. 만약 세계가 하나의 양자로부터 시작했다면 그 시작에서 시간과 공간의 개념은 모두 의미가 없습니다. 처음의 양자가 충분한 수의 양자들로 나뉜 다음에야 실재의 의미를 지니게 됩니다. 이와 같은 주장이 맞는다면 시간과 공간의 시작이 있기 조금 전에 세계가 시작되었다고 말할 수 있습니다. 저는 그러한 형태의 세계의 시작은 현재와 같은 자연 질서와는 크게 다르며 전혀 거부감을 가질 이유가 없다고 생각합니다.

'시간이 있기 전'이라는 말에서 비롯될 수 있는 철학적 혼란과는 상관없이, 르메트르는 여기서 모든 것들이(시간과 공간을 포함하여) 최초의 양자 상태에서 기원했다고 믿는 자신의 생각을 분명하게 밝혔다. 르메트르에 앞서 이렇게 생각한 과학자는 아무도 없었다. 나중에 그는 1950년에 펴낸 논문집인 《원시원자*The Primeval Atom*》에서 이와 같은 궁극적 기원을 '과거가 없는 지금'이라 표현했고, 이것은 르메트르가 《네이처》에 보낸 편지를 설명할 때 '어제가 없는 오늘'로 번역되어 인용되었다.

오늘날 알려진 것처럼 순수한 에너지에서 모든 물질의 뜨거운 폭발이라는 의미로 르메트르가 직접 '빅뱅'에 대해 말한 적은 없다. 나중에 조지 가모프(George Gamow)가 르메트르의 연구를 바탕으로 이러한 개념을 자세하게 정립했다. 르메트르는 처음에 방사성 붕괴를 생각하고 있었다─초밀도 양자가 방사성 붕괴 과정을 통해 나뉘고 또 계속 나뉘어서 진화하는 우주가 탄생했는데 이것을 공간의 팽창인 차가운 빅뱅이라 할 수 있다. 르메트르는 이와 같은 이론을 '원시원자' 이론이라 불렀다. 1931년경에는 이미 원자핵을 단지 하나만의 범주로 생각해서는 안 된다는 것이 알려져 있었다. 즉, 원자는 물질의 가장 작은 요소가 아니며, 양성자와 전자들 같은 더 작은 요소들로 구성되어 있다. 중성자는 1932년에 발견되었다. 전자의 반물질 혹은 대항입자인 양전자 또한 디랙이 양자역학을 바탕으로 구성한 중력장방정식에서 그 존재가 시사된 후 더 이상의 연구가 없다가 1932년에 우연히 발견되었다.

이와 같이 아직 양자론이 초기 발전 단계였지만 르메트르는 기존의 '원시원자'라는 용어를 사용하지 않는 편이 좋았을 것이다. 이 용어가 나중에 적지 않은 혼란과 오해를 야기했기 때문이다. '원시원자(primeval atom'보다는 '원시핵(primeval nucleus)'이 더 정확했으며, 혼란도 더 적었을 것이다. 르메트르가 《네이처》에 보낸 편지에서는 '원시양자(primeval quantum)'를 이용하는 편이 더 적절했다. 어찌됐건 르메트르는 기존에 존재하는 물질의 초고밀도 상태를 제안했다. 차갑고 무거운(알고 있는 우주의 모든 질량을 포함하는) 상태였으며, 즉시 분해되기 시작했다. 그리고 그때의 방사성 요소가 물질·시간·공간을 형성하며, 여기에서 별·은하·우주가 만들어졌다.

그러나 이러한 가설에서는 즉시 몇 가지 문제가 나타났다. 물질의 초기 팽창 과정에 은하들이 어떻게 농축될 수 있었는가? 우주선을 우주 기원의 상태로부터 남겨진 '재와 연기', 즉 폭발의 잔재로 생각할 수 있는 것인가? 그리고 르메트르가 초기에 제안한 모형을 폐기하면 그의 새로운 원시원자 모형에 좀 더 심각한 다른 문제가 나타날 가능성이 있었다. 이에 관해 디랙은 이러한 문제를 제기했다. 허블시간으로 추정한 우주의 시간 크기, 추정된 팽창우주의 나이 문제(약 20억 년)였다.

허블은 멀어지는 은하에 관한 관찰 결과를 토대로, 우주가 메가파섹 거리마다 1초당 525킬로미터의 속도로 팽창해가는 것으로 계산했다. 이러한 속도가 일정하다고 가정하고 현재까지 알려진 가장 먼 곳의 은하에 이를 적용하여 역으로 계산해보면 은하가 나타났던 지점을 결정하고 우주가 시작된 때를 추정할 수 있을 것이다. 이러한 방법으로 추정한 결과를 '허블시간(Hubble time)'이라 불렀다. 그리고 허블의 초기 속도를 바탕으로 계산하면 그 시간은 길지 않았다. 그러나 이미 별들은 이 시간보다 더 오래된 것으로 추정되고 있었으며 지질학자들이 계산한 지구의 나이도 이보다 많았다.

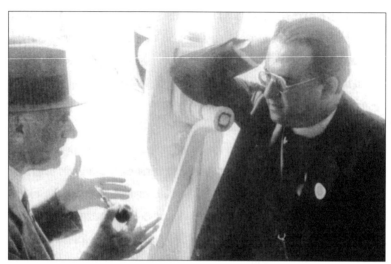

1938년 영국으로 가는 배 위에서 에딩턴과 함께 있는 르메트르.
두 사람의 마지막 개인적 만남이었다.

르메트르는 1927년 논문에서 팽창속도로 허블시간을 계산하면 허블 자신이 발표한 시간만큼 길지 않을 것으로 예상했다. 그리고 은하가 멀어지는 속도는 거리에 비례하여 빨라진다는 허블의 법칙을 허블보다 2년이나 먼저 제안했다.

현재 이에 관해 남아 있는 기록들은 없지만 르메트르는 1927년의 논문을 작성하기 전 몇 해 동안 허블이 발표한 은하의 멀어짐뿐만 아니라 우주팽창의 문제에 관해 의견을 교환했을 것으로 생각된다.[7] 그는 자신이 편지를 잘 보관해두지 않기 때문에 좋은 통신인이 되지 못한다고 말한 적도 있다. 허블은 자신에 대한 어떤 것에 대해서든 이의를 제기하는 사람들을 곱지 않은 눈으로 바라보았기 때문에 자신의 업적을 조금이라도 손상시킨다고 생각되는 통신기록이라면 남겨두지 않았을 수 있다. 그러나 많은 물리학자들은 두 사람 사이에 어떤 접촉이 있었을 것이라 추측한다.[8] 두 사람 사이에 어떤 논쟁이 오고 갔을 수는 있지만 르메트르는 자신의 이름을 붙이지 않고 동료 천문학자의 이름을 붙여 '허블의 법칙'이라 부르는 데 대해 어떤 불만도 제기하지 않았다.

허블이 당시 팽창속도로 추정했던 시간의 크기는 원시원자이론으로서는 문제였다. 르메트르가 처음 생각했던—이미 존재하는 정적인 평형 상태에서 무한의 과거로 거슬러 올라가는—팽창 모형에서는 문제가 아니었다. 그러나 자신의 우주 모형에 시간의 기원이라는 개념을 도입하자— 일정하다고 가정한—허블 팽창속도에 즉시 문제가 나타났다. 팽창속도를 우주의 시작까지 되돌려서 계산하면 단지 20억 년이라는 결과가 나왔다. 우주가 별이나 은하 혹은 지구와 같은 자신의 구성 요소들보다 더 젊을 수 없다는 것은 명확했다. 그러나 이와 같은 불일치로 인해 르메트르의 이론이 무너지지는 않았다.

불과 몇 년 후인 1948년에 발터 바데(Walter Baade)라는 다른 천문학자가 허블시간의 초기 추정값을 재검토하여 계산이 크게 잘못되었음을 발견했다. 바데는 안드로메다은하에 있는 두 가지 형태의 세페이드 변광성의 주기-밝기 관계에 대한 정밀한 계산값을 기초로 허블시간을 다시 추정했다. 그 결과 안드로메다까지의 거리가 두 배로 늘어나고 허블시간 또한 두 배가 되어 팽창우주의 나이를 40억 년으로 추정할 수 있었다. 이것은 별의 진화 나이 및 알려진 지구의 나이에 좀 더 근접한 값이었다. 1950년대에 와서 허블의 제자이자 그를 이어 팔로마산 천문대의 책임자가 된 앨런 샌디지(Allan Sandage)는 나이를 그보다 더 길게 추정하였다. 그 결과 이제 우주 시간의 크기는 르메트르의 빅뱅 혹은 다른 여러 가지 빅뱅 모형에서 더 이상 문제가 되지 않았다.

그동안 르메트르는 천문학자들이 자신의 이론을 살려주기만을 기다리고 있지 않았다. 1930년대 중반에 르메트르는 자신의 우주 모형을 재구성하기 시작하였다. 이러한 모습은 그의 강렬한 의지와 지혜를 보여준다. 그는 우주상수가 팽창을 가속화시키는 힘으로 이용될 수 있음을 보여주었다. 그의 최종 모형은 '머뭇거리는(hesitating)' 우주로 알려지게 되는데, 원시원자의 초고밀도 상태에서 기원하여 급속히 팽창한 다음 필요한 시간 동안 거의 멈춘 정도로 팽창이 느려진 후 다시 팽창이 가속되는 우주다. 르메트르는 '람다'를 활용해 이해하면 이러한 우주 모형이 당시 알려진 허블시간과 조화를 이룰 수 있다고 생각했다. 즉, 당시에 추정된 20억 년이라는 팽창 시간은 우주 진화의 전체 시간이 아니라 우주의 마지막 팽창시기일 뿐이라고 이해되었다.

많은 사람들에게 르메트르의 이와 같은 생각이 너무 편의적 해석처럼 보였지만, 그의 초기 모형에 비해 이러한 모형은 현재까지 밝혀진 우주에 더 잘 부합되었다. 1998년 천문학자들로 구성된 두 연구진이 이룩한 획기적 업적을 바탕으로(이에 대해서는 9장에서 상세히 다룬다), 우주팽창이 점점 빨라진다는 생각은 이제 보편적으로 인정되는 이론이 되었다. 팽창의 속도는 우주 진화의 전 과정에 걸쳐 일정하지 않았으며, 우주상수는 이와 같은 우주 발달에 있어 결정적 요인으로 작용했다.

르메트르는 1932년 8월 영국에서 캐나다 몬트리올로 건너갔으며 그 후 미국에 몇 달 동안 머무르다 아인슈타인과 만나게 되었다. 이때의 여행에서 르메트르가 몬트리올에 도착한 직후 미국과의 국경에서 멀지 않은 퀘벡의 허미티지 골프클럽에서 돌아다니는 모습을 한 기자가 취재했다. 케임브리지 천문대에서 온 일행과 르메트르는 여기서 8월 31일 일어날 일식 모습을 관찰하기 위해 기다렸다. 허미티지 클럽은 완전한 일식을 직접 관찰할 수 있는 경로 중의 한 곳이었다. 그러나 안타깝게도 나쁜 날씨로 인해 르메트르와 동료들은 아무것도 관찰할 수 없었다. 당시 르메트르는 프랑스 천문학자인 베르나르 리오(Bernhard Lyot)가 코로나그래프를 발명했다는 소식을 들었기 때문에 이와 같은 상황이 매우 아이러니하게 생각되었다. 그 망원 도구를 이용하여 태양판을 차단하면 코로나를 더 잘 볼 수 있어 일식을 기다리거나 변덕스런 날씨를 원망할 필요가 없었기 때문이다.

르메트르는 캐나다에서 또다시 매사추세츠 케임브리지로 가서 에딩턴과 함께 제4차 국제천문연맹 총회에 참석했다. 그곳에서 두 사람은 새롭게 설계한 '팽창 모형' 및 르메트르의 소위 '폭발'이라는 낯선 우주 기원론의 세세한 부분들에 대해 섀플리 등 다른 학자들과 토론을 전개했다. 케임브리지에 온 첫날 르메트르는 경쟁 관계에 있는 대학들인 하버드와 MIT 사이를 오갔다. 섀플리에게서 영감을 얻은 르메트르는 멀리 떨어진 은하들에 대한 관찰 결과를 자신의 팽창 모형에 통합하는 데 집중했다. 그리고 그것은 자신이 처음 구상한 우주 모형 및 허블시간으로 추정할 때 너무 짧게 계산되는 우주 시간을 여기에 조화시키기 위한 방법이기도 했다. MIT에서 르메트르는 자신의 지도교수였던 마누엘 발라타(Manuel Vallarta)와 함께 우주선이 '폭발'에 따른 우주기원이 남긴 흔적일 가능성에 대해 연구했다.

12월에는 다시 자신의 주무대인 캘리포니아로 돌아갔다. 한 학기 동안 미국 동부지역에서 했던 연구로 무장한 르메트르는 다음해 1월 칼텍에서 팽창우주 모형과 우주선에 관한 세미나를 개최했는데, 아인슈타인도 청중으로 참가했기 때문에 언론의 집중적인 조명을 받았다. 당시 아인슈타인의 방문은 르메트르에게 언론의 관심을 유도하기에 충분했다. 예상대로 언론은 르메트르의 이론보다 그가 물리학자인 동시에 사제라는 점에 더 흥미를 가졌다.

그리고 그 소년은 성장하여 사제이자 물리학자가 되었다. 그는 고래가 요나를 삼킨 일이나 세계가 6일 만에 만들어졌음을 믿지 않았다.
　　과학은 그에게 고래가 삼킨 먹이를 살려줄 수 없다는 것과 창조는 100만 년이 100만 번 거듭된 과거에 일어났음을 가르쳤다.[9]

언론은 이제 그 '소년'이 "가톨릭 사제임을 나타내는 로마가톨릭 계열의 옷을 입고 뿔테안경을 쓴 서른여덟 살의 약간 통통한 남성이다. 그는 미소를 지으며, 프랑스 억양이 섞였지만 완벽한 영어로 말을 시작했다"고 적었다. 그리고 던컨 에이크먼(Dunkan Aikman)은 2월 19일자 《뉴욕 타임스》에 다음과 같은 제목의 기사를 실었다. "진리를 향해 두 길을 걸어가는 르메트르: 저명한 물리학자이면서 사제인 그는 과학과 종교 사이에 모순이 존재한다고 생각하지 않는다."

앞에서 보았듯이, 당시 르메트르의 원시원자이론에 아인슈타인이 보여준 관심의 크기에 대해서는 각기 다른 의견이 있다. 1933년 3월 11일자 《리터러리 다이제스트Literary Digest》에는 아인슈타인이 "내가 들어본 창조에 대한 설명 중 가장 아름답고 만족스럽다"고 말했다고 실려 있지만, 크라흐는 그보다 1월 23일자 《뉴스위크》 기사가 더 정확할 것이라고 지적했다. 《뉴스위크》지는 아인슈타인이 르메트르의 실명을 거론하며 "그가 우주선을 우주 기원의 흔적으로 본 것은 아름답고 만족스런 해석"이라고 말했다고 적었다.[10]

실제로 아인슈타인이 많은 관심을 나타냈을지라도 그가 원시원자를 우주 기원을 설명하는 완벽한 이론이라고는 생각하지 않았을 것이다. 또한 르메트르의 이론에 대해 '창조'라는 단어를 사용하며 말했을 가능성도 거의 없다. 아인슈타인과 드 시터는 나중에 다른 우주 모형을 함께 연구하는데, 어떤 방법으로든 시간적 시작의 개념을 피해가는 모형이었다. 이것은 (최소한 철학적으로는) 아인슈타인이 세계의 시간적 시작을 필요로 하지 않는 모형을 선호했음을 말해주는 하나의 예라 할 수 있다.

그렇다면 다른 물리학자들과 천문학자들의 입장은 어떠했을까? 르메트르의 이론에 그 과학자들이 나타낸 반응은 어떠했을까? 과학자들은 언론들처럼 그렇게 흥분하지는 않았던 것으로 보인다. 1933년의 언론 반응들로 미루어볼 때 르메트르는 아인슈타인의 뒤를 잇는 '유명한' 괴짜의 범주로 다루어졌던 것이 명확하다. 예를 들어 한쪽에서는 그의 이름을 둔탁한 벨기에 억양으로 읽었으며 또 다른 언론들은 완벽한 영어식으로 발음했다—소설가 체스터턴(Gilbert Keith Chesterton)의 '탐정 신부 브라운'의 과학자 버전이라 할 수 있는 '뿔테안경을 낀 스코틀랜드인'이라 표현한 언론도 있었다.

허블의 1929년 관찰 데이터가 상대성이론에 따르는 팽창우주 모형을 뒷받침하자 아인슈타인은 우주상수를 폐기하기로 결정했다. 아인슈타인에게 우주상수는 자신의 우주 모형이 가지는 정적인 특성을 유지하기 위한 수단에 불과했다. 자신의 1917년 방정식에 대한 유일한 해로 생각한 모형이었다. 허블의 '계속 증가하는 은하들이' 우주의 팽창을 시사하자 아인슈타인은 친구 파울 에렌페스트(Paul Ehrenfest)에게 우주상수를 '치워버리라'는 편지를 썼다. 그러나 르메트르는 그렇지 않았다. 그는 우주상수가 수학적인 평형을 이루게 하는 요소 이상의 역할을 한다고 생각했다. 또한 우주상수가 실제의 물리적 힘을 나타낸다고 생각했다―공간의 진공에너지로, 태양계나 인근 별들과 같은 국지적 차원에서는 감지되지 않지만, 은하들과 우주 전체라는 규모에서는 매우 실제적인 힘이다. 그리고 생의 말년에 가서는 람다를 중력장방정식 오른쪽에 포함시켰다. 이는 우주상수가 에너지 밀도를 결정한다(에너지 밀도 요소들과 물리학적 관련을 가진다)는 의미다.

이에 반해 아인슈타인은 우주상수를 방정식의 왼쪽에 위치시켰는데, 순수하게 기하학적 역할만 하며 정태적 우주 모형을 뒷받침한다. 르메트르의 뛰어난 물리학적 재능이 여기에서도 드러나는데 아인슈타인은 우주상수 람다에 대한 수학적 이해가 부족했다. 그리고 역사는 르메트르의 견해가 옳았음을 증명해주었다. 1998년 이후 나타난 여러 가지 증거들은 팽창이 점점 빨라지고 있음을 시사한다. 이는 르메트르가 생각했던 것처럼 우주상수 람다가 실제적인 값을 가지거나, 이를 설명하기 위해서는 람다와 비슷한 어떤 에너지 힘이 있어야 함을 의미한다.[11]

그러나 아인슈타인은 우주상수를 폐기했음에도 불구하고 관찰 데이터가 널리 알려지고 1931년 에딩턴이 르메트르의 해를 공개적으로 발표하자 르메트르의 팽창우주 모형에 크게 관심을 가졌다. 실제로 아인슈타인은 당시 2년 전 칼텍을 방문했을 때 르메트르와 톨먼의 해를 인용하기도 했다. 드 시터를 비롯한 여러 다른 과학자들처럼 아인슈타인 도 새로운 관찰 데이터를 근거로 르메트르의 이론을 받아들였다. 그는 1931년 4월 패서디나와 윌슨산 천문대에서 우주팽창에 관한 새로운 패 러다임을 공식적으로 받아들이고, 르메트르와 톨먼의 연구가 자신에게 그러한 확신을 주었다고 밝혔다.

그 후 얼마 지나지 않은 1933년 두 사람은 캘리포니아에서 다시 만 났고, 아인슈타인은 르메트르를 다른 두 명의 학자와 함께 벨기에 최고 권위의 학술상인 프랑키(Franqui) 상의 공동 후보로 추천했다. 당시 노벨 상 다음의 권위를 가졌던 이 상은 벨기에 국왕 레오폴드 3세가 수여했으 며 르메트르는 3만3000달러의 상금도 함께 받았다. 두 사람은 히틀러 의 독일 권력 장악이 거의 확실하게 보이던 1933년 여름 또다시 만났다. 제2차 세계대전은 6년 후에 발발하지만 아인슈타인에게는 독일과의 전 쟁이 이미 시작되고 있었다. 아인슈타인은 이후 다시는 모국으로 돌아 가지 않았다. 히틀러가 독일의 총통이 되자 나치는 4월 1일 아인슈타인 의 모든 재산과 논문들을 몰수했다. 그는 그달 하순 브뤼셀의 독일대사 관을 찾아가 자신의 독일여권을 반납했다. 나치의 유대인 정책에 대한 저항의 표시로 자신의 모국이었던 독일과 완전히 절연하겠다는 의미였 다. 그리고 그때까지도 히틀러에 대한 입장을 정하지 않고 있던 독일 지 성인들의 양심에 경종을 울리기 위해, 아인슈타인은 베를린대학과 프러 시안 과학아카데미의 교수직에서 공식적으로 물러났다. 아인슈타인과 그의 아내 엘자는 벨기에 해안의 르 코크 쉬르 메르에 한동안 머물렀다.

르메트르는 아인슈타인이 도착한 직후에 그를 찾아가서 벨기에 프 랑키 재단의 후원으로 '스피너(spinor)'에 관한 세미나를 개최할 계획이라고 말했다. 스피너는 회전으로 변환될 수 있는 복소수들의 쌍으로 일반 상대성이론뿐만 아니라 양자물리학과 공간의 다차원적 이론 등에 유용했다. 르메트르는 아인슈타인에게 세미나의 좌장을 맡아줄 것을 부탁했다. 아인슈타인은 르메트르를 반갑게 맞으며 그 제안에 동의했다. 아인슈타인의 아내는 지금 쫓기고 있으며 대중들 앞에 나타나면 암살당할 위험이 있다고 걱정했지만 두 사람은 비밀리에 일을 추진했다. 벨기에 왕비 엘리자베스는 엘자의 요청에 따라 아인슈타인이 벨기에에 머무는 동안 경호원을 배치해주었다.

세미나는 브뤼셀의 벨기에 대학재단에서 5월 3일부터 시작되었는데, 아인슈타인이 가장 먼저 세 가지를 발표했다. 르메트르는 아인슈타인의 세번째 발표가 끝나자 참지 못하고 그가 발표한 증거들 중 일부를 단순화할 수 있는 다른 방법들이 있다고 말했다. 르메트르의 이러한 지적에 아인슈타인은 조금 장난스럽게 대응했다. 즉, 갑자기 벌떡 일어나더니 청중들에게 "신부님께서 다음 강의 시간에 우리에게 할 재미있는 말씀을 하시려고 그러시군요"라고 말했다. 르메트르는 처음에는 이와 같은 상황에 어이가 없어서 주말 내내 자신의 노트에 구멍을 뚫으며 보냈다. 그러나 세미나 마지막 날인 5월 17일 르메트르가 발표를 할 때, 아인슈타인이 발표 중간중간 르메트르의 생각이 정확함을 인정하는 토를 달아주고 무척 훌륭한 발표라고 말하자, 르메트르는 기분이 풀어지고 즐거운 마음을 회복하게 되었다.

아인슈타인과 르메트르 사이에는 그 후에도 계속 교류가 있었지만 브뤼셀의 세미나는 두 사람이 함께 논의하는 마지막 자리였던 것으로 보인다. 그후 얼마 안 있어 상대성이론을 수립한 이 학자는 영국으로 건너간 후 마침내 미국으로 가서 남은 일생을 프린스턴 고등과학연구소에서 통일장이론의 꿈을 추구하면서 보냈다. 르메트르는 프린스턴에서 1935년 전반 한 학기를 방문교수로 보냈는데, 기록으로 남아 있지는 않지만 두 사람이 그곳에서 다시 만났을 가능성도 있다. 전쟁의 광풍이 유럽을 휩쓸기 시작했다. 1940년 나치가 침범하고 동맹국 군인들에 의해 무차별 살육이 자행되는 와중에 르메트르는 자신의 모국에 갇혀 고립된 처지가 되었다.

르메트르의 연구는 이제 긴 공백기를 맞았다. 세계적·개인적 사건들로 인해 1930년대 그의 연구 여행 중반까지는 예상하지 못했던 공백기였다. 르메트르는 자신의 우주론을 더 이상 발전시키지 못했다. 그는 《네이처》에 기고한 글에서, 자신의 '폭발' 우주론 발전의 다음 단계는 양자역학을 이용하여 우주가 그 기원으로부터 발달해가는 상세한 과정을 밝히는 연구가 될 것이라 주장했으며, 1931년 영국에서 열린 회의에서 이에 대해 설명했다. 그리고 제2차 세계대전 직후에 르메트르가 예견한 대로 우주론의 큰 발전이 있었는데, 그러한 발전의 선두에는 철의 장막 뒤에서 온 괴짜 같은 학자가 있었다. 바로 조지 가모프였다.

7. 우주 초단파 배경복사

알코올에 중독된 학자와 학계에서 기업체로 쫓겨 간 학자가 제안한 이
론을 진지하게 받아들일 사람들일 얼마나 있을까?
— 헬게 크라흐, 《우주론을 둘러싼 논쟁》

앨퍼는 조지워싱턴대학 근처의 펜실베이니아 가에 있는 리틀 비엔나라
는 카페에서 가모프를 만날 때가 많았다고 기록했다. 그리고 가모프의
강의 시간을 불과 한 시간 정도 남겨두고 만난 경우가 대부분이었다.
'그 카페는 없어졌지만 우리의 만남, 강의를 앞두고 기울이던 술잔, 그
리고 자리에서 일어나기 싫어하던 모습이 아직 눈에 선하다.'
— 랠프 앨퍼와 로버트 허먼, 《빅뱅이론의 탄생》

르메트르의 연구 이후, 그리고 제2차 세계대전으로 잃어버린 시기를 거
치면서 우주론의 발전은 중대한 전환기를 맞이하였다. '잃어버린 시기'
란 수많은 천체물리학자와 우주학자들이 전쟁과 관련된 일을 하거나 자
신들의 연구영역과 멀어진 상태로 시간을 보내야 했다는 의미다. 르메
트르도 여기에 포함되었는데, 독일군의 침공으로 그의 모국이 자유세계

로부터 고립되었을 뿐만 아니라 미군 폭격기가 무차별 폭격을 가하여 그의 아파트 일부가 붕괴되는 가운데 가까스로 살아나기까지 했다. 아인슈타인은 자유를 찾아 모국을 떠나 뉴저지의 프린스턴에 정착했다. 1939년 8월, 그는 동료 물리학자들과 미국에 망명한 레오 질라드(Leo Szilard) 그리고 유진 위그너(Eugene Wigner) 등으로부터 히틀러의 호전성으로 볼 때 원자 핵분열을 이용한 무기를 개발할 가능성이 있다는 말을 듣게 되었다(독일이 폴란드를 침공하기 불과 한 달 전의 일이다). 그는 당시 미국의 대통령인 루스벨트에게 그와 같은 무기의 가능성과 그 위험성을 경고하는 유명한 편지를 보냈다. 루스벨트는 10월에야 응답을 보냈으며, 마침내 그 해가 지난 후에 원자폭탄 연구를 위한 비밀 자금을 배정했다.

아인슈타인은 자신의 이론에 바탕을 둔 우주론 논쟁에 더 이상 많은 관여를 하지 않았다(관심이 가는 새로운 논문이나 이론에 짧은 논평을 해주는 정도의 역할만 했다). 그는 물리학계의 커다란 흐름을 인식하지 못하고 통일장이론에만 계속해서 몰두하고 있었다. 핵물리학의 지식을 더욱 확대시킨 물리학계에서는 중력과 전자기력을 자연의 근본적인 두 가지 힘으로 보는 아인슈타인의 가설이 진부한 이론으로 밀려나고 있었지만 정작 아인슈타인은 이를 모르고 있었다. 그는 프린스턴대학의 고등과학연구소에서 동료 연구진 및 학생들만을 중심으로 고립된 채 연구했다.

1940년 독일군이 또다시 프랑스와 벨기에를 향해 진군을 시작했을 때 르메트르도 피란의 행렬에 합류했다(단지 전쟁을 피해서만이 아니라 가족 때문이었다). 사실 그는 독일군의 침공으로 완전히 묶인 것은 아니었다. 그는 1940년 초에 부모님과 함께 영국으로 건너가기 위해 파 드 칼레 해안으로 탈출을 시도했다. 하지만 독일군 기갑사단에게 가로막혀 브뤼셀로 돌아가야만 했다. 나치 점령하의 생활은 억압적이었지만 크게 힘들지 않았다. 침공 초기에는 크게 혼란스러웠다. 이번 전쟁에서 독일은 두번째로 루뱅대학 도서관을 잿더미로 만들었다. 그러나 대학은 잠시 문을 닫았다가 곧바로 수업을 재개했다.

일흔다섯 살의 변호사였던 르메트르의 아버지 조세프는 1942년 평소와 다름없이 일을 마치고 사무실에서 집으로 돌아오다가 전차 안에서 쓰러진 후 사망했다. 아버지의 죽음으로 집에 혼자 남게 된 어머니는 히틀러의 제3제국이 가하는 압박과는 별 상관없이 생활했다. 그러나 르메트르는 10년 전처럼 자유롭게 멀리 여행을 다닐 수 없었다. 르메트르는 큰아들이지만 결혼하지 않았기 때문에 자신이 어머니를 돌봐드려야 한다고 생각했다. 그래서 그는 벨기에를 떠나지 않기로 했으며(잠깐씩의 외유는 있었지만) 독일군이 쫓겨나간 이후에도 벨기에에서 살았다.

2년 후인 1944년, 에딩턴이 암에 걸려 갑작스레 사망했다. 에딩턴은 말년에 아인슈타인과 마찬가지로 거대한 수학 프로젝트에 몰입했는데 형이상학적인 연구가 중심을 이루었다. 아인슈타인 우주론 연구자들의 제1세대 중 가장 선두에서 르메트르에게 큰 영향을 주었던 드 시터는 훨씬 전인 1934년에 폐렴으로 사망했다. 그의 나이 예순둘이었다. 당시 르메트르는 천문학과 물리학의 주류인 미국대륙에서 멀리 떨어져 있었기 때문에 비교적 가까이에서 연구에 큰 도움을 주던 에딩턴의 사망으로 무한히 고립되는 느낌을 받았다.

르메트르는 국제무대에서 퇴장하고 여러 가지 요인들로 인해 원시원자이론에 더 이상 전념할 수 없게 되었다. 그러나 그의 과학적 관심들은 계속 확대되어 갔는데, 수학에 컴퓨터를 활용하는 문제에 열중한 것도 그중 한 가지였다. 르메트르는 1933년에 이미 자신이 담당한 수업에서 천체역학 문제의 해를 구하기 위해 신형 컴퓨터를 사용했다. 컴퓨터의 크기는 거의 한 방에 가득 찰 정도였다. 그는 컴퓨터가 우주론에서의 난제를 푸는 데 도움을 줄 수 있을 것으로 생각했다. 특히 자신이 제안한 팽창우주 모형에서 팽창의 후기에 은하나 성운 그리고 별들이 팽창의 힘을 넘어 뭉치게 된 과정을 밝히는 문제 등에서 그랬다. 시간이 지날수록 르메트르는 컴퓨터의 활용에 더 열중하여 빠져들었으며 1950년대 후반 자신이 근무하는 대학에 전산센터를 설치하는 데 도움을 주기도 했다. 이러한 일들이 원시원자이론을 좀 더 정밀하게 발전시키는 연구에서 그를 멀어지게 했을 것이다.

제2차 세계대전이 끝난 후, 르메트르는 대서양 건너편의 연구 동료들과 다시 접촉할 수 있게 되었다. 하지만 그는 미국에서 오는 초청들에 일절 응하지 않았으며 1956년 어머니가 사망한 후에는 장거리 여행도 하지 않았다. 1951년에는 슈뢰딩거로부터 프린스턴대학 고등과학연구소의 방문교수로 와달라는 제안도 있었지만 거절했다. 이것은 어떻게 보면 매우 불행한 일이었다. 만약 르메트르가 그 제안을 받아들였다면 그는 남은 생애 동안 우주상수가 가지는 중요성이나 일반상대성이론을 우주론에 적용하는 문제에 대해 아인슈타인과 더 많은 논의를 할 수 있었을 것이다. 실제로 유명한 수학자인 쿠르트 괴델(Kurt Gödel)은 프린스턴대학에서 아인슈타인과 함께 연구하여 우주론 분야에 뛰어난 업적을 남길 수 있었다.[1] 르메트르는 미국 공군 과학연구 유럽사무소에서 위성

르메트르의 오랜 동료이자 전기작가인 오동 고다르

데이터를 분석하는 연구진에 동참해달라는 요청도 거절했다. 그 연구에서는 지구를 둘러싼 방사능 띠인 '밴 앨런 복사대(Van Allen belt)'를 발견했다.

르메트르는 1934년 이후 원시원자이론을 수정하거나 다듬은 새로운 논문을 발표하지 않았지만, 전쟁이 끝난 후 그 주제와 관련해서 강의했던 내용들과 여러 곳에 기고했던 글들을 모아서 책으로 펴냈다. 1950년에 출판된 《원자에 관한 가설L'Hypothese de l'Atome Primitif》은 같은 해에 영국과 미국에서 《원시원자: 우주진화론에 관한 소고The Primeval Atom: An Essay on Cosmogony》라는 제목으로 출판되었다.

르메트르는 마누엘 발라타와 함께 우주선 이론을 개발하여 최초의 우주폭발 흔적 혹은 스러져가는 불꽃이 우주선으로 남아 있을 것이라고 주장했지만 아무도 이 이론에 주목하지 않았다. 사실 1938년에 이미 아서 콤프턴(Arthur H. Compton)과 칼 앤더슨(Carl D. Anderson)이 노트르담대학에서 발표한 심포지엄 연구논문에서 태초의 핵이 남긴 흔적으로 우주선이 존재할 것이라는 주장에 반대했다. 르메트르와 발라타도 그 심포지엄에 참석했는데, 두 사람은 콤프턴과 앤더슨의 연구가 가지는 중요성을 간과했을 수도 있다.

르메트르의 우주팽창 초기 모형은 아인슈타인의 정적인 상태에 기초했는데, 그 이전까지와 마찬가지로 우주의 나이를 대략 20억 년 정도라고 추정했다. 이것은 허블과 휴메이슨이 은하 사이의 추정거리와 적색편이 측정을 통해 추정한 허블시간(당시로서는 가장 정확한 방법이었다)과 일치했다. 그러나 우주팽창 시나리오는 지질학적 연구나 방사선 동위원소 연구로 추정한 지구의 나이와 차이가 났으며, 가모프나 베테 등 핵물리학자와 천체물리학자들의 연구로 상세하게 밝혀지고 있던 별의 진화모형에서 추정한 태양 및 별들의 나이와도 큰 차이가 있었다.

또한 르메트르는 아인슈타인의 우주상수가 우주의 실제 물리적 요인이며, 이것으로 당시 알려진 지구 및 별의 나이에 비해 허블시간이 작게 나타난 이유를 설명해줄 수 있다고 주장했는데, 이 주장 또한 자신의 이론을 뒷받침하기 위해 임시변통으로 동원한 논리로 보이며 이론의 설득력이 떨어졌다. 르메트르의 원시원자이론은 발목이 잡힌 상태로 폐기될 위험에 처한 것 같았다. 그가 생각한 실제 문제는 이미 1931년 영국 왕립학술원에서 언급했던 것처럼 우주팽창의 초기 단계를 좀 더 자세히 설명하고 또 그로부터 별들과 은하들이 발달한 과정을 이해하는 것이었다. 르메트르는 이론이 다음 단계로 발전하기 위해 자신의 '폭발' 우주에서 핵으로 구성되는 초기 단계가 양자물리학을 이용해서 설명되어야 한다고 생각했다.

성단과 은하들이 우주팽창의 초기 단계에서 어떻게 융합되어 형성되는지 설명하는 문제도 르메트르에게 중요한 연구 주제였는데, 이것은 섀플리가 르메트르를 만날 때마다 끈질기게 제기해오던 문제였다. 르메트르는 중력장방정식에 우주상수를 포함시켜서 계속 연구하면 해답이 나올 것으로 믿었다. 그러나 그는 자신의 이론을 확대하기 위해 핵물리학을 이용하는 문제에 대한 이론적 탐구를 전혀 하지 않았다. 1930년대와 전쟁 이후의 시기 동안 르메트르는 문제의 이러한 분야를 다른 사람들에게 맡긴 채 관망하는 듯이 보였다. 사실, 1930년대 중반에 핵물리학은 이미 우주의 진화를 설명하는 데 이용되고 있었다. 그러나 아직 유럽에서는 그렇지 못했다. 전쟁 직전과 전쟁 시기를 거치는 동안 미국 물리학자들은 처음으로 팽창하는 빅뱅 우주론을 지속적으로 발전시키는 주도권을 쥐었다. 그들의 연구는 르메트르의 우주 모형을 예상치 못했던 방향으로 크게 변화시키게 되는데, 여기에는 가모프의 역할이 가장 컸다.

우크라이나 출신의 이 핵물리학자는 1938년부터 팽창우주 모형을 집중적으로 연구하며 우주론을 발전시키는 데 매우 중요한 역할을 하였다. 가모프는 우크라이나의 오데사에서 태어났지만 러시아에서 교육받았다. 차르 황제 체제가 무너지고 레닌 정권이 수립된 후였다. 아직 모스크바에서 공부하던 1923~1924년에 그는 프리드만의 강의에 참석했다. 그 강의에서 가모프는 아인슈타인의 우주 모형이 시간에 따라 변하는 형태일 수 있다는 가능성에 대해, 위대한 수학자이자 최초로 그와 같은 이론을 개발한 학자로부터 직접 들을 수 있었다. 르메트르가 벨기에에서 일반상대성이론의 연구에 몰두하고 있을 때였다. 가모프는 연구를 시작할 무렵 이론물리학과 일반상대성이론을 파고들 생각이었다. 하지만 그는 1925년 프리드만의 갑작스런 사망으로 다른 교수의 지도를 받게 되었으며, 그 교수는 일반상대성이론에는 별 관심이 없었다고 자신의 자서전 《나의 일생My World Line》에 적고 있다.[2] 가모프는 어쩔 수 없이 핵물리학에 더 전념하게 되었는데, 당시에는 몰랐겠지만 그것이 그에게는 행운이었다. 르메트르가 파고들 수 없었던 영역에서 가모프는 자신의 핵물리학적 배경을 도구로 활용하여 연구할 수 있었다.

괴팅겐대학에서 연구하고 있던 가모프는 1928년 여름 코펜하겐대학 이론물리학연구소의 전임연구원으로 와달라는 보어의 초청을 받았다. 당시 보어는 아인슈타인을 매우 괴롭혔던 새로운 물리학적 문제들을 엄밀히 해석하는 데 열중하고 있었다. 보어는 가모프가 양자물리학에 슈뢰딩거의 파동방정식을 적용하여 알파 방사선을 정량적으로 해석한 것에 크게 감명을 받았다. 가모프는 알파 입자(두 개의 양성자와 두 개의 중성자를 가지는데, 헬륨 원자에서 전자가 제거된 입자라 할 수 있다)가 고전적으로 알려진 탈출에 필요한 에너지보다 적은 에너지 상태에서 어떻게 길을 뚫어 핵(알파 입자가 존재하는 곳으로 생각되었다) 바깥으로 탈출할 수 있는지 설명했다. 이 이론으로 가모프는 주목을 받게 되었으며, 곧 이러한 '터널' 효과를 거꾸로 적용하면 별의 내부에서 일어나는 핵반응에 의한 원소의 생성을 설명할 수 있음을 알았다. 가모프에게는 모든 이론이 별을 설명하는 데 활용되었다. 1930년대에 그와 다른 여러 물리학자들은 에딩턴이 설명하기 위해 노력했던 어떤 문제에 커다란 관심을 가지고 연구했다. 별들이 에너지를 만들어내고 원소가 생성되는 과정을 설명하는 문제였다. 에딩턴은 처음에 아인슈타인의 유명한 방정식 $E=mc^2$에 의해 에너지가 만들어진다고 설명했다. 이것은 별들이 그렇게 오랫동안 빛을 내는 이유를 설명해줄 수 있었는데, 19세기에 스스로의 중력 수축만으로 별들이 에너지를 생산하고 빛을 낸다고 주장한 켈빈의 이론과는 명백히 대립되었다. 켈빈의 이론은 별의 에너지 생산이 중력 수축에만 의존한다면 별의 수명이 수십만 년을 넘길 수 없다는 문제점을 가지고 있었다. 당시 여러 증거를 통해 알려진 태양의 나이뿐만 아니라 지구의 나이도 그보다 많았다.

아내와 함께 소련을 탈출하여 미국으로 망명한 가모프는 1933년에 항성물리학에 관한 논문을 준비하기 시작했다. 그는 무거운 원소가 상대적으로 많은 이유를 설명하기 위해 핵 과정(nuclear process)을 이용하는 방법을 찾는 데 특히 관심을 가졌다. 그로부터 몇 년 뒤 가모프는 최근에 발견된 중성자가 중요한 역할을 한다고 주장했다. 1935년 논문에서 그는 "가벼운 원소의 핵이 양성자들과 충돌할 때 방출되는 중성자들이 다른 무거운 원소의 핵에 부착되면 더 무거운 핵이 생성될 수 있다"고 적었다. 그와 같은 반응들이 별의 내부에서 어떻게 일어나는지 밝히는 것이 가모프의 다음 연구 과제였다. 그러나 이것은 쉽지 않은 연구였다. 전쟁 중 맨해튼 프로젝트뿐 아니라 여러 가지 극적인 비밀 연구가 진행되었는데(가모프는 소련을 떠나기 전 적군에 잠시 몸담았던 경력 때문에 처음에는 연구에서 배제되었다), 미국의 많은 과학자들이 육해공군에서 사용될 무기와 레이더 등을 개발하기 위해 이 과정에 동원되었다.

전쟁 중에도 아인슈타인의 일반상대성이론을 검증하기 위해 천문학과 천체물리학 분야에서 많은 기술적 노력들이 있었고, 전쟁이 끝난 후에는 그 발전이 눈에 띄게 나타났다. 하지만 전쟁 중에 가장 활발하게 연구된 영역은 천체물리학이 아니라 핵물리학이었다.

가모프는 전쟁 당사자들의 환영을 받지 못하는 이방인이었지만 아무런 제약 없이 여러 학술대회를 조직하여 초기 우주의 진화에 있어 핵물리학의 역할에 대한 논의를 이끌었다. 1938년에 워싱턴에서 개최된 학술대회가 그 시작이었는데, 무거운 원소의 형성 및 핵물리학의 여러 주제들이 논의되었다(무거운 원소는 우주에서 가장 흔한 원소들인 수소와 헬륨보다 복잡한 모든 원소들을 의미한다). 1938년의 학술대회는 '별들의 에너지 원천에 관한 문제'가 주제였는데, 카네기 연구소의 지구자기장연구실과 조지워싱턴대학이 공동으로 주최한 일련의 학술대회 중 네번째로 열린 대회였다. 여기에 참석한 34명의 과학자들은 주로 천체물리학, 핵물리학, 양자물리학 분야의 학자들이었다. 맨해튼 프로젝트에서 핵심적 역할을 한 베테와 에드워드 텔러(Edward Teller)도 참석자에 포함되어 있었다.

당시 르메트르도 노트르담대학의 방문교수로 미국에 와 있었다. 가모프가 조직한 학술대회가 끝난 몇 주 후에 르메트르는 노트르담대학에서 '원시 입자(premordial particle)의 성격과 우주 물리학'을 주제로 열린 학술대회에 참석했는데, 100명 이상의 학자들이 참석했다. 르메트르는 새플리와 허블이 측정한 밀도의 변동에 관해 발표하며, 그 현상을 설명하기 위해 상대성이론 우주 모형을 발전시킨 과정을 설명했다. 앞에서 언급했듯이 그는 우주선을 원시원자의 잔해로 설명하는 데 반대했던 보고

서가 가지는 중요성을 인식하지 못했다. 르메트르가 가모프의 워싱턴 학술대회에 참가하지 못한 것은 아이러니라 할 수 있는데, 만약 그가 가모프의 강의를 들었다면 그 주제가 더이상 연구할 만한 가치가 있다고 생각하지 않았을 것이다. 가모프는 은하들이 형성되는 과정에 관심을 갖고 있었고, 또 그의 이론에서 그것이 중요한 위치를 차지했기 때문이다.

학술대회에서 가모프가 발표한 항성 핵물리학의 중요성을 간파한 한 과학자는 곧 학계를 뒤흔드는 발견을 하였다. 즉 학술대회 1년 후인 1939년, 베테는 'CNO 순환'이라 부르는 이론에 관한 논문을 발표했다. 이는 탄소(C)−질소(N)−산소(O) 순환으로, 별들이 탄소 및 질소와 같은 원소들을 녹여서 수소를 헬륨으로 바꾸고 엄청난 에너지를 생산한다는 이론적 모형이다. 이 논문은 나중에 베테에게 노벨상을 안겨주었다.

그러나 베테는 물론 다른 어떤 학자도 별의 내부에서 무거운 원소가 형성되는 과정을 이 이론으로 설명하지는 못했다. 사실 그는 태양에 탄소가 처음부터 있는 이유를 설명할 수 없었다. 이와 관련하여 가모프는 별과 은하들이 형성되기에 앞서 우주론적으로 어떤 원인이 있으며 그것이 우주팽창과 연결된다고 믿었다. 그러나 가모프가 이러한 생각을 발전시키기까지는 많은 시간이 걸렸다. 전쟁 전이었던 1938년의 학술대회는 성공적이었지만, 1942년에 조직한 학술대회는 전쟁으로 인해 큰 성과를 거두지 못했다. 대다수의 물리학자들이 시급한 문제들에만 열중하고 우주의 진화 문제에는 많은 관심을 두지 않았다.

과학의 발전이 항상 합리적 생각이나 체계적인 단계를 거치는 것만은 아니다. 과학자들은 '잘못된' 이론을 통해 '올바른' 해답을 찾는 경우가 종종 있다. 가모프도 빅뱅 모형을 수립하는 과정에서 아주 중요하지만 잘못된 가정을 세운 적이 있었다. 우주에 존재하는 리튬이나 우라늄처럼 무거운 원소는 우주가 시작될 때, 즉 별들이 형성되기 훨씬 전에 만들어졌다는 가설이었다. 하지만 이는 오히려 축복이 된 오류였다. 앞에서 보았듯이 베테의 논문 등을 통해 천체물리학자들은 별들이―정상적인 존재 과정에서는―무거운 화학 원소들을 생산할 수 없다고 생각하고 있었다. 다른 방법으로 만들어져야 했다. 가모프는 초기 우주에서 그 해답을 찾을 수 있을 것으로 생각했다. 이것은 초신성의 중요성이나 그 엄청난 폭발이 무거운 원소를 어떻게 녹이는지 알려지기 전의 일이었다. 베테의 논문에서 단서를 얻은 가모프는 별이 전혀 없었던 르메트르의 우주 초기 단계에서 가장 간단한 원소인 수소와 헬륨이 어떻게 만들어질 수 있는지를 밝히는 연구를 시작했다. 가모프는 이에 관한 상세한 이론이 수립되면 다음 단계로 다른 원소들의 형성 과정도 알 수 있을 것으로 기대했다.

여기서 핵심은 가모프가 르메트르의 원시원자를 하나의 원자가 아니라 거대하고 차가운 '원시핵'으로 생각한 것이다. 전체가 중성자(당시 갓 발견되어 활발히 연구되던 주제였다)로 구성된 핵이었다.

중성자는 원자핵 바깥에서는 수명이 짧아 곧 붕괴하여 양전자와 전자가 되는 것으로 알려졌다. 가모프는 핵이 붕괴하기 시작하는 초기 우주에는 르메트르가 생각한 것과 같은 단계가 있어야 한다고 믿었다. 그러나 초밀도의 초기 단계 우주에서 자유 양전자와 전자는 높은 압력으로 융해되어 무거운 원소가 되고 이것들이 후기 우주를 형성하게 된다고 생각했다. 가모프와 동료 연구진들은 이러한 생각에 매우 열정적이었다. 가모프는 조금 특이한 외모에 기발한 발상을 하는 경우가 많은 인

물이었다. 당시 영국의 천문학자인 호일은 정상우주론을 주장하여 가모프의 이론과 경쟁하고 있었는데, 가모프에 대해 이렇게 말했다.

"내가 읽은 가모프의 논문들은 모두 짧았던 것으로 기억한다. 가모프에 대해 아는 사람들은 그의 논문이 왜 그렇게 짧은지 알 것이다. 가모프는 어떤 것에든 오래 집중하지 못했기 때문이다. 그는 어떤 주제에 대해 10분 정도 이야기한 다음에는 곧바로 코트에서 게임용 카드를 꺼냈다. 그리고 상대방이 관심이 있건 없건 아랑곳하지 않고 카드 묘기를 보여주곤 했다."[3]

조지 가모프는 수학자로서는 조금 엉성했지만 풍부한 상상력과 특유의 열정으로 재능 있는 대학원생들을 끌어들였다. 그들 중에 랠프 앨퍼(Ralph Alpher)와 로버트 허먼(Robert Herman)이 있었다. 두 사람은 모두 유대계 러시아 이민의 자손이었다(그리고 두 사람은 뉴욕시립대학의 우수한 대학원생으로 청운의 꿈을 품고 있었다). 가모프가 앨퍼에게 제시한 연구 과제는 "동일한 속도로 팽창하는 상대론적이고 균일하며 물질만을 포함하는 우주에서 여러 종류의 밀도 섭동의 움직임을 계산하여 우주구조의 발전을 연구하는 것"이었다. 앨퍼는 이러한 연구에 전력투구한 결과 "작은 밀도 섭동은 가능하지만 우주론적으로 유용한 시간 규모로는 불가능하다"고 결론 내렸다. 앨퍼와 허먼은 오랜 시간이 지난 후 이렇게 회상했다.

1946년 말, 우리에게는 불행한 일이었지만 가모프가 받은 소비에트연방 이론물리학회지 최신호에 예브게니 리프시츠(Evgeny Lifschitz)가 같은 주제에 대해 연구하여 동일한 결론을 내린 논문이 실려 있었다(이것은 그의 박사논문이기도 했다). 앨퍼는 가모프가 그 논문의 복사본을 손에 들고 흔들면서 이렇게 말하며 사무실로 들어오던 모습을 생생히 기억했다. "앨퍼, 자네가 대성공을 거두었어!" 그러나 앨퍼는 이 주제에 관해 쓴 방대한 분량의 노트를 파기하는 실수를 범했으며(리만-크리스토펠 브래킷 섭동에 관한 노트도 함께), 가모프와 함께 두번째 논문 주제를 정했다. 팽창하는 우주의 초기 단계에서 원시핵 생성에 관해 가모프가 1946년에 발표한 이론을 좀 더 발전시키는 연구였다.[4]

구체적으로, 이것은 우주 초기 단계의 중성자 가스 붕괴로부터 수소와 헬륨이 어떻게 만들어지는지 밝히는 연구를 의미한다. 이러한 연구로부터 앨퍼와 가모프는 1948년에 유명한 ABG* 논문을 발표하는데, 이 논문은 빅뱅이론에서 중요한 위치를 차지하게 되었다—그리고 르메트르와 프리드만의 중요 논문들처럼 당시에는 거의 간과되었다.[5]

르메트르의 연구와 가모프의 연구는 직접적으로 연결되어 있지 않다—두 연구가 서로 연결된 것처럼 보이고 가모프가 르메트르의 연구를 알고 있었음이 분명하지만. 당시 가모프의 주된 관심사는 핵물리학이었다—가모프의 첫번째 스승이었던 프리드만은 물론, 르메트르의 수학적 연구업적도 가모프에게 직접적 영향을 주지 않았다. 가모프는 르메트르와 드 시터, 그리고 에딩턴의 논문에서 팽창하는 상대론적 우주모델을 접했지만, 처음에는 초기 우주에 관한 자신의 물리학적 연구에

---

* 비슷한 연구를 한 베테도 추가시켜 앨퍼(Alpher), 베테(Bethe), 가모프(Gamow)의 알파벳 머리글자를 따서 그렇게 불렸다.

이를 적용하지 않았다.

1940년대 후반에 가서야(정확하게는 1948년의 ABG 논문에서) 가모프와 앨퍼 그리고 허먼은 자신들이 찾는 우주 모델을 르메트르의 모델에서부터 시작해야 함을 인식하게 되었다. 그리고 우주 모델은 르메트르가 생각했던 것과 같이 차가운 핵이 아니라 뜨거운 상태에서 시작되어야 했다. 수백만 도에 달하는 뜨거운 상태일 때만 핵융합이 일어나서 수소나 헬륨, 그리고 무거운 원소들을 만들어낸다고 생각했다. 다른 말로 하면 가모프는 르메트르의 원시원자 모델을 채택하여 이를 빅뱅 모델로 발전시켰다. 그리고 이것은 현재와 같은 우주 표준 모델의 기초가 되었다. 그와 같은 뜨거운 빅뱅 모델에서 가모프와 그의 동료 연구진들은 한 가지 결과를 이끌어낼 수 있었는데, 그것은 원시 화구에서 나온 복사에너지가 현재에도 존재해야 하며, 매우 약한 파장이지만 전자기 복사 스펙트럼의 맨 끝에서 관찰되어야 한다는 것이었다. 르메트르가 말한 원시원자 모델로부터 가모프는 태초의 폭발이 남긴 흔적으로 '우주선'을 생각하게 되었다. 가모프가 제안한 모델은 우주의 배경에 마이크로웨이브가 희미하게 존재하고 있을 것이라는 생각이었다. 앨퍼는 이러한 배경복사의 온도를 $5°K^*$로 계산했다.

여기서 우리는 또 한 가지 의문을 가지게 된다. 가모프와 앨퍼는 $5°K$ 복사가 측정되어야 한다고 주장했지만, 당시에 배경복사를 측정할 수 있는 기술 장치가 있었음에도 불구하고 그 방법까지 구체적으로 제시하

---

* 절대온도 단위, 켈빈(Kelvin). 섭씨 −273도가 절대온도 $0°K$에 해당한다.

지는 않았다. 사실 배경복사는 10여 년 전에 이미 발견된 상황이었다.[6] 그러나 앨퍼와 허먼은 후속 논문에서 그에 대해 언급하지 않았는데, 알지 못했던 것일 수도 있다. 그들은 당시의 복사파 기술 수준으로 가능했음에도 학계에 배경복사의 존재를 구체적으로 검증해보도록 제시하지는 않았다. 어찌 보면 이것은 태만으로 인해 빚어진 일이었다. 가모프, 앨퍼 그리고 허먼의 연구는 당시 주류를 이루던 핵물리학과 천문학의 과제에서 벗어나 있어서 큰 주목을 받지 못했다. 역사가 그들에게 우호적이지 않았다고도 할 수 있다. 그로부터 15년이나 지난 후에 완전히 다른 연구진들이 배경복사를 찾는 문제에 대한 논문을 발표했는데, 이것은 근본적으로 같은 논문을 다시 쓴 것이었다. 이 연구진들은 벨연구소의 물리학자들이 실제로 배경복사를 발견한 것과 시기가 맞아 떨어지는 (이는 우연이었다) 행운을 얻었다.

1965년 프린스턴대학의 디키(Robert H. Dicke)와 피블스(P. J. Peebles) 등으로 구성된 연구진은 초기 우주의 불덩이 상태로부터 팽창에 근거한 배경복사를 상세하게 찾았다. 그들은 가모프와 앨퍼 그리고 허먼의 연구에 대해서는 전혀 몰랐다. 사실 디키는 우주 진동 모델에 주로 관심을 가지고, 우주가 붕괴한 후 다시 시작되는 팽창 시기에 우주의 흑체 복사가 생겼다고 주장했다. 디키와 피블스는 그와 같은 배경 소음이 절대온도 0도를 넘는 3도와 5도 사이에서 측정될 것으로 예측했다. 그들은 직접 복사파를 찾아내기 위해 복사파 감지기를 만들었지만 처음에는 배경 소음을 넘어서 다른 어떤 것이 오고 있음을 발견했다. 벨연구소의 물리학자들인 펜지어스(Arno Penzias)와 윌슨(Robert Wilson)도 뉴저지에서 복사파 탐지기를 만들어왔다. 디키와 피블스는 이 연구에 열정적이었지만 펜지어스와 윌슨은 조금 소극적이어서, 그 '소음' 을 자신들이 연구하고 있던 다른 별들의 복사에너지원에서 나오는 방해파로만 보고 있었다.

일단 두 연구진 사이에 교류가 시작되자 그들은 자신들의 발견에 대하여 각자 별도의 논문을 발표하기로 했다. 디키의 연구진이 우주 마이크로파를 예측한 논문은 펜지어스와 윌슨이 그들의 우연한 발견을 발표한 논문과 같은 잡지에 실렸다. 이것은 커다란 반향을 불러일으킨 엄청난 발견으로, 언론사 기자들은 이를 '창조의 메아리' 라고 불렀다. 이러한 메아리는 TV와 안테나만 있으면 누구나 '볼 수 있는' 것으로, 방송이 없는 빈 채널로 돌리기만 하면 된다. 정지 화면에 나타나는 눈▦ 같은 점들 중 일부가 우주 마이크로파 배경복사로 인해 생겨난 것이다(이는 과학이 우리 일상 속에서 유령의 존재를 밝혀낼 만큼 가까이 있음을 보여준다).

펜지어스와 윌슨은 그 발견의 공로로 1978년에 노벨상을 수상하였다. 디키와 피블스는 이미 10여 년 전에 가모프와 앨퍼 그리고 허먼이 자세하게 수행했던 연구를 되살려서 이론적 기초를 제공했음에도 인정받지 못했다. 가모프는 여기에 대해 씁쓸하게 생각했다고 전해진다. 디키는 1948년의 논문을 검토한 다음 자신들에 앞서 이론을 제시한 그들에게 사과와 경의를 표했다. 만약 디키와 피블스가 노벨상위원회의 수상자 선정에 불만이 있었다면 앨퍼와 허먼은 그보다 더 했을 것이다.

우리는 누가 얼마나 기여했느냐보다 과학의 발전만이 중요하다고 주장하는 일부의 견해에 동의할 수 없다. 이와 같은 견해는 과학계의 이상과 현실을 제대로 반영하지 못하는 것이다. 인간이 하는 노력으로서 과학의 정확한 역사는 중요하다. ……배경복사를 최초로 관찰했을 때와 그 이후 몇 년 동안 우리가 대기업의 연구소에 고용된 상태였기 때문에 우리의 초기 연구 성과들이 가진 가치를 인정받지 못했을 것이라는 생각이 든다.[7]

르메트르가 마침내—발견된 지 거의 1년이 지나서—그 소식을 듣게 되었을 때 그는 매우 고무되었다. 1931년 그가 《네이처》에 원시양자를 처음으로 제안하는 논문을 게재한 지 여러 해가 지난 후였다. 빅뱅이론을 뒷받침하는 명백한 증거가 발견된 그때는 현대 우주론의 기초를 닦은 아인슈타인이 사망한 지 10년이 흐른 뒤였고, 르메트르도 그로부터 불과 일주일 후 세상을 떠났다. 백혈병으로 고통 받은 후였다. 르메트르의 오랜 후원자이자 동료인 고다르가 1966년 6월 병석에 있던 그에게 위대한 발견의 뉴스를 가져왔다. 가모프도 간경화로 인해 불과 2년 후에 운명하게 된다.

가모프는 1952년 우주론에 관해 대중적인 책을 쓴 적도 있지만, 르메트르와 아인슈타인이 그랬던 것처럼 얼마 안 있어 우주론 연구로부터 멀어지게 되었다. 그러나 그는 빅뱅이론의 발전에 핵심적 역할을 했다. 그는 르메트르가 제안한 원시원자이론을 핵물리학의 관점에서 수년에 걸쳐 보완했으며, 자신의 제자인 앨퍼 및 허먼과 함께 우주 대폭발의 잔유물인 복사파의 존재를 결정적으로 예측했다. 그의 연구를 토대로 1960년대 배경복사가 발견되었을 때 대부분의 천문학자와 물리학자들이 빅뱅이론을 받아들이게 되었다.

1940년대에 가모프의 논문들이 주목을 받자 르메트르의 동료 연구자이자 그의 전기작가인 고다르가 몇 차례에 걸쳐 그에게 가모프와 교류하여 둘이서 함께 이론을 더 정교하게 만들어보라고 권했다고 한다. 하지만 흥미롭게도 르메트르는 이러한 제안을 항상 거절했다.[8] 왜 그랬을까? 아마 당시에는 르메트르가 흥미를 잃었거나 자신의 이론에 더 이상 연구할 무엇이 남아 있지 않다고 생각했을 수도 있다.[9] 그는 천체역학의 수학적 문제들을 컴퓨터를 이용하여 풀어내는 과제에 푹 빠져 있었다. 르메트르에게는 언제나 물리학이 아니라 일반상대성이론 및 우주모델 그 자체의 문제가 가장 큰 과제였기 때문에 그와 같은 협력에 적극적이지 않았을지도 모른다. 가모프와 그의 연구진들이 이룩한 연구 성과들에 힘입어 빅뱅 물리학은 미국의 물리학자와 천문학자들에게 중요한 영역으로 자리 잡게 되었다. 유럽 쪽에서는 우주의 초기 구성이라는 좀 더 실용적인 물리학보다는 일반상대성이론에 따른 우주의 수학적 · 기하학적 구조에 더 많은 관심을 기울였다. 르메트르가 가모프와 접촉하지 않은 이유는 그의 개인적 성향에서도 찾을 수 있으며 여기에 대해서는 11장에서 보다 상세히 설명할 것이다.

어느 경우이건 르메트르는 고다르의 조언을 받아들이지 않았으며, 1940년대 말과 1950년대 초에 가모프와 르메트르가 협조하며 연구할 기회는 사라져버렸다. 이것은 1950년대 중반 기업체 소속 연구원으로 앨퍼와 허먼이 겪어야 했던 일을 생각하면 불행한 일이었다. 가모프는 당시 한창 각광받던 분야인 유전자 DNA 연구로 방향을 틀어서, 빅뱅이론이나 배경복사 존재 예측을 전파하는 일에는 소극적이 되었다. 설상가상으로 그는 한창 연구해야 할 시기에 알코올 중독에 빠졌으며, 그로 인해 학생들이나 동료 연구진들로부터 소외되었고 결국 예순네 살의 나이로 죽음을 맞게 되었다. 1940년대와 1950년대에 가모프가 르메트르와 함께 연구하거나 최소한 정기적으로 교류라도 했더라면 빅뱅이론에 그들의 역량을 다시 투입하게 되었을 것이다.[10]

그러나 결국 두 사람은 교류하지 않았다. 1948년에 발표된 가모프와 앨퍼 그리고 허먼의 유명한 논문은 당시에는 큰 관심을 끌지 못했다. 그들이 예측한 5°K 배경복사의 존재도 무시되었다. 같은 해에 리처드 파인만(Richard Feynman)은 양자전기역학이론을 발표하여 주목을 받았으며, 허블은 널리 알려진 그의 마지막 업적인 200인치 망원경을 팔로마 산에 만들기 시작했다. 가모프가 선구적으로 예측한 배경복사의 존재에 대해 관심을 가지는 사람은 거의 없었다.

그동안 영국의 호일 등 여러 연구진들이 제안했던 우주론이 물리학자들의 지지를 받았다. 그들은 원시원자이론 등의 우주 진화 모델은 이 세계에 시간의 시작이 있음을 시사한다며 거부감을 가지고 있던 학자들이었다. 정상우주론(steady-state theory)은 배경복사의 발견과 함께 빛을 잃게 되었다. 배경복사에 대한 선구적인 연구들과 더불어 실제로 배경복사가 발견됨으로써 별의 진화이론이 각광받게 되었고, 수학의 한 가지 특수 영역에 머물던 아인슈타인의 일반상대성이론이 물리학에서 가장 활발한 영역으로 올라서게 되었다.

THE INSTITUTE FOR ADVANCED STUDY
Founded by Mr. Louis Bamberger and Mrs. Felix Fuld
PRINCETON, NEW JERSEY

September 26, 1947

Professor G.Lemaitre
9 rue Henry de Braekeleer
Prussels,Belgium

Dear Professor Lemaitre:

I thank you very much for your kind letter of
July 30th. In the meantime I received from Professor Schillpp
your interesting paper for his book. I doubt that anybody has
so carefully studied the cosmological implications
of the theory of relativity as you have. I can also understand
that in the shortness of T_0 there exists a reason to try bold
extrapolations and hypotheses to avoid contradiction with facts.
It is true that the introduction of the Λ term offers a possibili-
ty, it may even be that it is the right one.

Since I have introduced this term I had always a
bad conscience. But at that time I could see no other possibili-
ty to deal with the fact of the existence of a finite mean densi-
ty of matter. I found it very ugly indeed that the field law of
gravitation should be composed of two logically independent terms
which are connected by addition. About the justification of such
feelings concerning logical simplicity it is difficult to argue.
I cannot help to feel it strongly and I am unable to believe
that such an ugly thing should be realized in nature.

1947년, 아인슈타인이 르메트르에게 보낸 편지 첫 페이지

8. 물러나는 이론

1960년대 이후 아인슈타인의 일반상대성이론은 많은 물리학자들의 연구주제가 되고 있다. 하지만 이론이 발표된 이후 1960년까지 40년 동안은 이 이론이 가지는 중요성에 거의 주목하지 않았다. 초기에 일반상대성이론에 대해 알고 연구했던 학자들로서는 이 이론에 대한 초기의 세 가지 검증(별빛의 휨, 수성의 근일점 이동, 그리고 별빛의 적색편이)만으로 충분히 만족할 수 있었다.[1] 그러나 이론의 실제 적용에 관심을 가지고 있던 물리학자들의 경우는 달랐다. 몇몇 우주학자 그룹(르메트르와 에딩턴도 포함된다) 외에는 일반상대성이론에 주목하는 경우가 거의 없었다. 물리학자들은 주로 원자물리학과 소립자 등에 관심을 가졌고, 로켓 과학이나 우주 탐색에 열중했던 학자들은 뉴턴 역학만으로도 충분했다. 사실 1950년대 말까지만 해도 일반상대성이론은 물리학과가 아닌 수학과에서 가르쳤으며, 대부분의 물리학자들도 수학이론으로 생각했다.

아이슈타인도 일반상대성이론 연구에 더 많은 열정을 보이지 않았다. 아인슈타인에게 그 이론은 중력장과 전자기장을 하나의 통일된 이론으로 묶는다는 좀 더 방대하고 허황되게도 보이는 연구를 위한 단계일 뿐이었다. 예를 들어 1942년에 아인슈타인은 페터 베르크만(Peter G. Bergmann)의 저서 《상대성이론 입문*Introduction to the Theory of Relativity*》에 써준 서문에서 "지금까지 일반상대성이론은 실제 사실들의 상관관계에서 하는 역할이 크지 않다"고 말하기까지 했다.[2] 그러나 그는 상대성이론의 새로운 검증에 별 관심을 갖지 않았다. 그렇다고 해서 1960년 이전에 일반상대성이론과 관련된 연구가 전혀 없었다는 말은 아니다.

과학 역사를 연구했던 아이젠스타트(Jean Eisenstaedt)에 의하면 그 기간 동안에도 지구의 근일점, 달의 영년가속, 화성 궤도의 편이, 그리고 원자 에너지 수준에서 중력의 영향 등과 같은 문제들에 상대성이론을 적용하려는 시도가 있었다. 그러나 예상할 수 있는 결과는 매우 미세했기 때문에 실험이 확증으로 간주되지 않았다. 로버트 오펜하이머(Robert Oppenheimer)는 일반상대성이론이 발표된 후 40년이 지나는 동안, 그에 관한 세 가지 중요한 검증은 "원론적 수준에 머물렀으며 단지 한 가지 예외만이 일반상대성이론과 경험 사이를 연결해주었다"고 표현했다. 그 한 가지는 1939년에 제안된 블랙홀 개념이다. 뒤에 언급되지만, 이 것은 중력장방정식에 대한 슈바르츠실트의 해를 르메트르가 수정한 내용에서 도출되었다.[3]

그러나 1950년대 중반부터 말까지 이러한 상황은 크게 변했다. 발달된 기술을 이용하여 이론에 대한 좀 더 정밀한 검증이 가능하게 된 것이다. 예를 들어 레이저를 사용하여 이론을 뒷받침하는 아주 미세한 효과까지 검출 가능했다. 레이더는 전쟁 중에 군사적 목적으로 개발되었지만 그 원리는 전파망원경을 탄생시켰으며, 이것은 천문학에서 매우 중요한 역할을 했다. 그리고 이는 곧이어 퀘이사(quasar)와 펄서(pulsar)의 발견으로 이어졌다. 우주의 진화에 관한 새로운 의문을 제기했을 뿐만 아니라 아주 먼 곳에서 발견되는 새로운 천체들에 대한 연구도 가능하게 되었다.

전쟁 기간과 그 직후까지 일반상대성이론은 우주론의 발전에 커다란 역할을 했다. 미국에서는 가모프와 앨퍼 그리고 허먼이 유일하게 일반상대성이론의 중력장방정식을 이용하여 초기 우주에 관한 물리학적 모형을 만드는 연구를 했다. 영국에서는 호일이 상대론적 방정식을 변하지 않는 우주 모형, 즉 정상우주론에 어떻게 적용시킬 수 있을지 연구했다. 그는 허먼 본디(Hermann Bondi) 및 토머스 골드(Thomas Gold)와 공동으로 빅뱅에 반대되는 이론을 정밀하게 구성하기 시작했다.

그러나 이 두 연구팀의 연구 이전에 비록 우연이지만 이미 빅뱅을 뒷받침하는 움직일 수 없는 증거가 발견되었다. 즉, 마이크로파 배경복사의 발견이었다. 호주에서는 월터 애덤스(Walter Adams)와 앤드루 맥켈러(Andrew McKellar)가 1937년과 1941년에 각각, 알기 쉽게 표현해서, 바깥 우주의 온도를 측정했다. 그들은 마이크로웨이브 수신기를 이용하여 시안화분자가 우주의 제한된 영역에서 감지해낸 온도를 절대온도 2.3도로 파악했다. 그러나 그들은 우주배경복사의 증거를 찾고 있던 것이 아니었으며 그들이 감지한 온도는 별들 사이의 복사로 인해 분자가 들뜬 상태로 되어 발생한 것으로 생각했다. 그들은 자신들이 어떤 종류의 복사파들을 측정하고 있다는 것은 알았지만 그것이 르메트르가 말하는 우주의 '폭발'이 남겨준 우주복사 때문이라고는 미처 생각하지 못했다.

그 두 사람뿐만 아니라 다른 사람들도 마찬가지였다.

많은 물리학자들이 그들의 연구 결과를 접했지만 가모프와 동료 연구진들은 그 발견에 대해 전혀 알지 못했다. 호일은 그 연구 결과를 알았을 수도 있지만 우주가 진화하지 않고 교차된다는 우주론을 주장하는 그들로서는 그 발견이 가지는 중요성을 파악할 수 없었을 것이다. 펜지어스와 윌슨이 1965년 배경복사를 발견한 후에야 애덤스와 맥켈러의 발견이 가지는 중요성을 깨닫게 된 사람들도 많았을 것이다.

빅뱅이론의 역사에 대해 설명하면서 빅뱅이론과 중요한 반대이론, 즉 정상우주론 사이의 경쟁을 강조하고 마이크로파 배경복사의 발견으로 정상우주론이 자취를 감추게 된다고 설명하는 경우가 많다. 그러나 사실 정상우주론은 그 탄생지인 영국 이외에서는 빅뱅이론의 경쟁 상대가 되지 않았다. 대부분의 천문학자들과 물리학자들은 에딩턴-르메트르 모형과 같은 우주팽창 모형을 지지했지만 가모프의 빅뱅이론이 보편적 관점으로 정착되지는 못했다. 정상우주론은 우주배경복사의 발견으로 완전히 폐기되지만 빅뱅이론의 발전에 커다란 기여를 했다고 볼 수 있다.

정상우주론을 주장하며 빅뱅이론을 강력하게 비판한 호일이 없었더라면 이러한 발전은 불가능했을지도 모른다(빅뱅이라는 용어도 호일이 가장 먼저 이용했는데, 1950년에 브리티시 라디오 방송의 강의에서 이론을 비판하면서 이렇게 불렀다).[4] 1915년 요크셔에서 출생한 그는 불같은 성격과 열정을 가진 가모프와 마찬가지로 다혈질이었다. 그 두 사람은 우주의 상태에 대해서는 의견을 달리했지만 좋은 관계를 유지했다. 실제로 호일은 빅뱅이론에 반대하면서도 가모프가 빅뱅이론에 관한 논문들을 작성하는 데 도움을 주기도 했다. 이것은 호일이 소심한 학자로 그려지는 경우가 많음에도 그가 과학자로서 열린 마음을 가지고 있었음을 말해준다. (또한 그는 가톨릭에 대해 비우호적이었고 성직에 반대하는 견해를 가지고 있었지만 르메트르와는 사이가 좋았다. 호일과 그의 아내가 2주 동안이나 르메트르가 운전하는 차를 타고 북부 이탈리아를 함께 여행했던 적도 있다.)[5]

가모프는 빅뱅이론을 발표한 다음 앨퍼와 허먼에게 이를 정교히 다듬어줄 것을 부탁했다. 이와 비슷하게 호일은 제2차 세계대전 동안 영국 정부에 고용되어 레이더 개발에 종사할 때 오스트리아에서 건너온 유대인인 골드와 본디를 만나서 빅뱅에 반대하는 자신들의 이론을 발전시켜줄 것을 부탁했다. 1947~1948년 사이에 가모프와 앨퍼는 그들의 유명한 ABG 논문을 작성 중이었는데, 그동안 호일과 골드 그리고 본디는 별도의 논문에서 변하지 않는 우주에 대한 자신들의 이론을 전개했다―일반상대성이론의 방정식에 따라 팽창하지만 오랜 과거에 시간의 시작이 있었다는 설정은 하지 않았다. 아리스토텔레스가 생각한 것처럼 고정되어 변하지 않는, 즉 진화하지 않는 우주와 같은 의미다.

처음에는 그들 사이에 약간의 차이가 있었다. 호일은 르메트르-프리드만 방정식을 잘 알고 있었고 이 방정식을 중심으로 자신의 이론을 구축하려고 했다. 하지만 팽창하는 우주가 어떤 시초로부터 진화해왔다는 주장에는 반대했다. 사실 호일의 해석은 드 시터의 모형을 바탕으로 했다. 그러나 드 시터는 팽창하면서도 텅 비어 있는 모형을 주장한 반면, 호일은 이와는 조금 다르게 질량과 에너지를 포함하는 모형을 제시했다. 그에 비해 골드와 본디는 일반상대성 방정식을 우주 전체에 적용하는 데 의문을 제시하면서 방정식의 이용에 강하게 반대했다. 그들은 수학적으로 엄밀하지 않은 용어를 이용한 우주 모형을 제안했는데, 공간 내에서 물질이 지속적으로 만들어져서 우주가 변함없이 유지된다는 개념이 중심에 자리 잡고 있었다.

정상우주론의 핵심은 초고농도의 물질 상태에서부터 팽창하는 우주라는 개념에 반대하는 것이다. 호일과 동료 연구진은 은하들이 멀어지고 있다는 허블의 발견을 받아들이고 우주가 전체적으로 팽창한다는 해석에 의견을 같이했지만, 호일과 본디 그리고 골드는 우주 전체에서 미량의 수소가 계속해서 만들어지는 것만으로 팽창우주를 채우는 데 충분하며 우주를 변함없이 영원히 유지할 수 있다고 생각했다. 사실 호일의 계산에 의하면 100억 입방미터당 1년에 하나의 수소원자만 자연적으로 만들어지면 현재와 같은 우주의 평균밀도를 설명할 수 있었다. 이를 토대로 그들은 자신들의 이론을 강력하게 주장했다.

그러나 텅 빈 공간의 중심에서 미량의 물질이 계속 만들어진다는 생각은 물리학의 확고한 법칙(질량/에너지 보존법칙)을 위반하는 것이었다. 그러나 호일, 본디, 그리고 골드의 생각에 이것은 큰 문제가 아니었다. 이론적으로 양자역학을 이용해서 그와 같은 과정을 설명할 수 있으며 언젠가는 그러한 현상을 관찰할 수 있을 것으로 믿었다. 같은 맥락에서 그들은 최초의 시간에 특이점에서 우주가 폭발했다는 말은 성립되지 않는다고 주장했다. 그 이론은 지지를 얻었다. 정상우주론은 일찍이 에딩턴이 제기했던 '열죽음' 시나리오라는 함정을 피해가는 데도 유리했다. 르메트르-프리드만 방정식의 결과에 입각한 팽창우주 모형에서는 우주가 서서히 붕괴되거나 식으면서 죽어가지 않아도 되었다. 호일은 자신의 다른 연구 결과들을 바탕으로, 은하들과 별들 그리고 궁극적으로는 생명의 진화에서 핵심이 되는 무거운 원소들이 별의 내부에서 형성된다고 보았다. 그렇기 때문에 가모프가 생각했던 것처럼 우주 진화의 초기에 초고밀도의 시기가 있었다는 설정으로 무거운 원소의 탄생을 설명하지 않아도 된다고 주장했다.

그러나 이러한 해법에도 불구하고, 텅 빈 공간 내에서 탄생하는 수소 원소와 별의 몸속에서 융합되는 무거운 원소들 사이에는 연결되지 않는 부분이 있었다. 호일은 이것이 문제가 된다는 것을 알았지만 중요하게는 생각하지 않았다. 그 이론은 처음에는 잘 받아들여지지 않았으며 많은 주목도 받지 못했다. 그러나 호일은 1950년 라디오에서 우주론을 강의하며 엄격한 과학의 테두리 바깥에서 대중들에게 이야기하기 시작했다. 이것은 많은 과학자들의 분노를 샀지만 이론이 주목을 받는 계기가 되었다. 르메트르를 포함한 많은 과학자들은 무(無)로부터 새로운 수소원자가 만들어지는 것은 에너지보존의 법칙에 위반된다며 이론에 이의를 제기했다. 미국의 과학자들도 영국 학자들이 이론의 기본 원칙들에 너무 집착하는 경향이 있다며 그 이론을 거의 무시했다. 미국의 천문학자 샌디지는 본디가 당시 과학자들에게 이단으로 보일 정도였다고 회상하며 "정교한 이론과 관찰 사이에 불일치가 있으면 관찰이 잘못된 것으로 치부되었다. 그리고 그가 영국에서 이론을 처음 발표했을 때 이를 읽어본 윌슨산의 천문학자들은 정상우주론 주창자들을 모두 무시해 버렸다"고 말한 적이 있다. 배척이 시작되었다. 본디는 골드와 호일에 동조했으며 그들의 발언은 커다란 불신을 초래할 뿐이었다.[6]

호일, 본디, 골드가 정상우주론을 주장한 것은 과거의 특별한 '사건'

이 창조를 의미할 수 있다는 생각이나 그들의 집단적 무신론이 바탕이 되었을 수도 있다. 호일은 나중에 지나가는 말로 이렇게 이야기했다. "우리가 정서적으로 편향되었기 때문에 이와 같은 결론을 가진 이론(정상우주론)이 나왔다고 말하는 것은 도움이 안 된다." 그리고 자신의 대중적 서적들—예를 들어 1950년에 출판된 《우주의 본성*Nature of the Universe*》—에서 공개적으로 자신의 무신론과 정상우주 모형을 연결시켰다. 그들이 그와 같이 행동하지 않았더라면 더 많은 학자들로부터 이론에 대한 지지를 이끌어낼 수도 있었을 테지만, 호일뿐 아니라 본디나 골드 그 누구도 자신들의 그러한 신조를 논문에 반영시키지는 않았다. 그들은 여러 책에서 주장했던 것처럼 우주의 정상 상태를 유지하기 위해 무(無)에서 수소원자가 창조된다는 생각을 숨기지 않았다. 오히려 그들의 모형에 근거할 때 어떤 종류의 창조가 반드시 필요하다고 결론 내렸다. 그리고 당시 어떤 형태로든 우주에서 물질의 끊임없는 창조를 주장했던 과학자들은 그들이 최초가 아니었다.

르메트르에 대한 태도에도 종교적·철학적 신조가 반영되어, 그들은 신부인 르메트르가 말하는 '폭발' 이론이 가톨릭에서 말하는 '창조'의 순간으로부터 영향을 받았다고 생각했다.[7] 하지만 앞에서 보았듯이 르메트르가 상대성이론에 근거한 그의 우주 모형을 시간의 시작에 이르기까지 거슬러 올라간 것은 전적으로 과학적 동기에 의해서였다: 아인슈타인의 정적인 우주 모형은 자신의 팽창우주 모형이 만들어지는 토대가 되었지만 무한의 시간 상태에서는 지속될 수 없다. 즉, 우주 자체의 섭동으로 크게 불안정해진다는 결론에서 출발했다. 그러므로 우주는 최초 상태 혹은 특이점에서 진화해가야 한다. 1960년대 펜로즈와 호킹의 연구 결과는 그의 주장을 입증해주었다. 즉 상대성이론의 중력장방정식으로 도출되는 팽창우주 모형이라면 반드시 특이점에서 출발해야 한다.

호일에게는 르메트르–프리드만 우주 모형을 싫어할 만한 이유가 있었다. 그는 진화하는 우주라는 개념에는 물리학 법칙들도 진화하여 시간에 따라 변화해왔다는 의미가 내포되어 있다고 생각했다. 호일에게 이것은 자연의 고유한 법칙들을 찾을 수 없거나 실재 우주에 따라 법칙들이 달라짐을 뜻했다. 그는 본능적으로 이에 반대하고, 우주는 그 내부에 불변의 자연 법칙들이 존재하는 안정된 상태이며, 우주 자체가 시간에 따라 변화할 수는 없다고 생각했다.

윌리엄 맥크리어(William McCrea)는 호일의 정상우주론 라디오 강의를 듣고 이 이론을 지지했다. 런던대학 홀로웨이 칼리지의 수학교수였던 그는 거대한 구조의 우주를 설명하기에는 진화 모형보다는 정상우주론이 더 적절하다고 생각했다. 맥크리어는 물질이 끊임없이 '창조'되는 문제가 조만간 양자론 차원에서 설명되어 입증될 것으로 믿었다. 호일, 본디, 골드에게 그의 지지는 한편으로 반가운 일이었지만 다른 한편으로는 그가 자신의 그리스도교적 철학에 부합하기 때문에 이론을 지지한다고 공공연히 말하여 내심 언짢기도 했다.[8]

가모프의 경우는 그 이론을 자세히 검토해볼 생각조차 않고 무시해버렸다. 그러나 호일은 가모프가 크리치필드(C. L. Critchfield)와 함께 1950년에 저술한 《원자핵 및 핵에너지의 원천에 관한 이론*Theory of Atomic Nuclear Nucleus and Nuclear Sources*》을 자세히 읽고 검토한 후, 가모프가 우주배경복사의 온도를 절대온도 90도로 잘못 계산했다는 것만으로 배척하고 가모프의 개념에 좀 더 접근해볼 생각을 하지 않았다. 이것은 매우 아이러니한 일로서, 만약 호일이 좀 더 주의를 기울였다면 배경복사를 더 정밀하게 계산했던 애덤스와 맥켈러의 연구와 연결될 수 있었을 것이다. 그래서 우주배경복사의 중요성이 좀 더 일찍 인식될 기회가 또 한번 지나가버렸다.

가모프는 호일이 자신의 저서를 대체로 긍정적인 시각으로 보고 있다는 것을 알고 있었지만, 앨퍼와 허먼은 그렇지 않았던 것으로 보인다. 만약 호일에 대해 잘 인식했더라면 그들은 호일이 말한 애덤스와 맥켈러의 발견을 알았을 것이고, 자신들이 예견한 우주배경복사에 좀 더 관심을 가지고 연구했으리라 생각할 수 있다. 그래서 집중적으로 실험 연구들이 진행되었더라면 1965년에 우연히 발견되는 우주배경복사를 15년 더 일찍 발견했을 가능성이 있었다. 아인슈타인은 1952년에 정상우주론을 일고의 가치도 없는 이론으로 생각했다. 피터 미첼모어(Peter Michelmore)는 1962년에 펴낸 《아인슈타인: 그의 인물론Einstein: Profile of the Man》에서 아인슈타인은 한 젊은 학자에게 그 이론에 대해 '낭만적인 상상'에 불과하다고 표현했다고 적었다.[9]

르메트르도 정상우주론에 동의하지 않았다. 르메트르는 정상우주론에서 에너지보존의 법칙을 위반한 이유가 무한한 우주를 안정화시키기 위해 무로부터 수소원자를 만들어내기 위해서라는 것과 양자역학의 차원에서 이것이 설명될 수도 있음을 이해했지만, 그는 왜 이 법칙 한 가지만 수정해야 하는지 물었다. 즉 이론을 뒷받침하기 위해 그 법칙을 수정해야 한다면 다른 법칙들에는 손대지 않고 에너지보존의 법칙 한 가지만 수정하면 된다고 보지 않았다. 이론에 꿰맞추기 위해 다른 법칙들은 왜 바꾸지 않는 것인가? 그러나 르메트르가 그렇게 생각했을지라도 그에 대해 글로 표현하지는 않았다. 그 주제를 두고 호일, 골드, 본디와 르메트르는 생각을 달리했지만 그것은 단지 기술적인 문제였지 인간적인 관계까지 그렇지는 않았다.

실제로 두 이론 사이에는 거의 전설적일 정도의 치열한 논쟁이 있었지만 논쟁에 참가한 당사자들은 모두 서로에 대해 개인적 존경심을 가지고 있었다―예외적으로, 가모프는 1950년에 펴낸 《우주의 창조Creation of the Universe》라는 자신의 책에 정상우주론을 빗댄 시를 실어 호일을 놀린 적이 있다. 예를 들어, 본디는 1952년 로마에서 골드 및 르메트르와 함께했던 저녁식사가 매우 즐거웠다고 기억했다. 르메트르가 직접 고른 식당이었다. 마찬가지로, 호일 또한 골수의 반(反)그리스도인이며 성직자들에 대해 반감을 가지고 있었지만 르메트르의 연구진과 좋은 관계를 유지했다. 두 이론의 차이에 관해 토의하는 과정에서 그들 사이에는 어떤 개인적 악의도 개입되지 않았다.

1957년 나는 그와 함께 2주 동안 자동차로 이탈리아와 알프스를 여행했다. 우리 둘 사이에 의견이 일치하지 않았던 적은 단 한 번뿐이었으며 그것도 우주론과는 관계없는 문제였다. 오스트리아의 랑데크쯤에서 그 일이 일어났던 것으로 기억된다. 금요일에 저녁식사 시간이었다. 나는 스테이크를 주문했고 조르주는 금요일 육류를 먹지 않는 가톨릭 사제답게 생선을 주문했다. 웨이터가 가져온 식사를 보니 스테이크는 적당한 양으로 맛있어 보였다. 그러나 생선 요리는 엄청난 크기로 바다의 왕자처럼 접시에 앉아 있었다. 뭔가 말을 해야 할 것 같았다. 나는 전적으로 아무 감정 없이 말했다. "이보게 조르주, 자네가 왜 가톨릭인지 이제 알았네." 그러자 조르주의 얼굴이 붉어지고 표정이 일그러졌다. 그때 내 머리에는 마르틴 루터의 유령이 나타나서 내가 이렇게 심각한 종교적 · 외교적 결례를 범하게 만들었나 하는 생각이 몇 초 동안 스쳐 지나갔다. 그다음 조르주가 생선을 좋아하지 않는구나 하는 생각에 스스로 놀라게 되었다. 그는 내 몫의 스테이크를 무척 먹고 싶어 했다. 서로 바꿔 먹었다면 아주 행복했을 것이다. 그러나 조르주는 그렇게 할 수 없었다. 그 것이 조르주의 삶이었다. 그 엄청난 생선을 먹어야만 했다. 생선은 마치 독일의 요정 이야기처럼 아무리 먹어도 크기가 줄어들지 않는 듯했다.[10]

호일에게 아무런 감정이 없었다고는 할 수 없다. 그러나 그는 원망의 대상을 다른 과학자들과 심판관들에게 향했다. 그 과학자들은 그의 논문들을 폄하하고(호일은 이를 부당하다고 생각했다), 결국에는 그가 케임브리지대학에서 조기 은퇴하는 길을 택하게 만든 사람들이다.

20세기 초 우주론이 발전하는 과정에 참가했던 중요 인물들이 모두 어떤 고립과 소외 상태로 빠지게 되는 과정은 놀라울 정도다. 아인슈타인은 프린스턴에서 통일장이론에만 파묻혀 지냈고, 에딩턴은 제2차 세계대전 때 자신의 집에서 대통일수학(grand mathematical system)에 관한 연구를 하던 중 사망했다. 르메트르는 전쟁 중에 과학계로부터 고립된 후 다시 그의 학문적 지위를 회복하지 못했다. 가모프는 점점 더 알코올에 빠져 연구에서는 계속 실수를 범해 갔고, 앨퍼와 허먼은 학계를 떠나 직업인으로 살아갔다.

1950년대 얼마 동안 정상우주론은 르메트르-프리드만 우주 모형이 안고 있던 가장 중요한 문제들을 피할 수 있을 것으로 보여 더 많은 주목을 받았다. 시간 크기의 문제, 은하의 형성, 그리고 무거운 원소들의 형성에 관한 문제였다. 호일은 별 내부에서 융합으로 원소가 형성되는 연구에서 전문가로 인정을 받고 있었기에 그의 이론이 신뢰를 받는 데 도움이 되었다. 1950년대 말과 1960년대 초에 걸쳐 별의 진화를 말해주는 명백한 증거들이 발견될 때까지, 정상우주론은 영국에서 여전히 설득력 있는 이론으로 보였다. 그러나 먼 거리의 은하들과 은하들 사이의 거리 및 나이에 따른 구성물질의 차이, 퀘이사의 발견 등 우주론에서 이룩된 여러 발전들은 우주배경복사가 발견되기 전부터 정상우주론의 기반을 서서히 허물기 시작했다.

9. 르메트르 상수의 복귀

우주상수는 콘크리트 빌딩 벽의 내부에 숨겨져 있는 철근에 비유할 수 있다. 완성된 건축물에서는 잉여 구조물임이 분명하다. 그러나 오늘의 구조물이 다음에 만들어질 구조물과 연결되고 좀 더 커다란 결합의 한 요소가 되기 위해서는 필수적인 존재다.

— 르메트르, 〈아인슈타인과의 만남〉

1947년 7월, 르메트르는 아인슈타인에게 편지를 보냈다(현재 남아 있는 두 사람 사이의 마지막 교신이다). 그 편지에서 르메트르는 일반상대성이론을 수립한 학자에게 우주상수의 철회를 다시 생각해보도록 거듭 설득했다.

아인슈타인이 '람다'라고 이름붙인 우주상수의 도입을 자신의 일생에서 '가장 큰 실수'로 생각했다는 것은 널리 알려져 있다.[1] 그는 1917년에 발표한 논문 〈일반상대성이론의 우주론적 고찰〉에서, 우주적 차원에서 중력의 보편적 영향을 상쇄하고자 중력장방정식 내에 우주상수를 도입했다. 아인슈타인의 원래 방정식에서는 안정상태의 우주가 불가능했다. 우주는 자신의 무게로 인해 붕괴하거나(아인슈타인은 자신의 이론이 이런 결론을 피하기를 원했다) 팽창하게 되는데, 아인슈타인은 여기에 대해 심각하게 고려하지 않은 것으로 보인다. 당시에는 팽창을 시사해주는 증거를 알지 못했기 때문이다. 사실, 1917년경에 미국 천문학자들은(특히 로웰천문대의 슬라이퍼를 중심으로) 많은 은하들에서 나오는 빛의 스펙트럼이 적색편이 현상을 보이는 것을 관찰하고 있었다. 그리고 이는 공간 바깥으로의 움직임을 시사하는 것이었다. 그러나 당시에는 이와 같은 적색편이가 왜 존재하고 은하들 중 몇 퍼센트 정도가 이러한 적색편이를 보이는지 알지 못했다. (슬라이퍼는 1914년까지 13개의 은하에서 도플러 편이를 측정했으며, 그중 두 개 은하를 제외하고는 모두 적색편이였다.) 당시에는 은하수의 외부에 다른 은하가 존재한다는 주장도 거의 없었다. 간단히 말하면, 1917년에 생각되던 우주는 작았으며 변화하지도 않는 모형이었다. 이러한 개념을 바탕으로 과학자들이 오래전부터 생각해왔던 것처럼 아인슈타인은 우주가 전체적으로 볼 때 정적이고 변화하지 않는다고 확신했다. 그러나 그의 방정식은 그와 같은 안정 상태를 시사해주지 않았다. 아인슈타인은 자신의 중력장방정식에 유일한 우주적 해로 생각하던 개념과 일치하기 위해서는 우주적 평형이 유지될 필요가 있음을 인식했다. 아인슈타인이 생각한 우주는 정적이고 공 모양이며, 유한하지만 경계가 없는 공간이고, 시간적으로는 무한했다. 그래서 그는 '람다'라는 이름의 상수를 도입했는데, 우주적 차원의 거리에서 중력을 상쇄하고 우주를 정적인 평형상태로 유지해준다. 그러나 우리 태양계와 같은 작은 규모에서의 효과는 무시해도 될 정도로 작다.

'람다'가 임시방편으로 사용되었다고 설명될 때도 많지만, 아인슈
타인은 수학적 · 물리학적 관점에서 볼 때 그 용어가 중력장방정식에서
자연스런 위치를 차지하는 것으로 생각했다. 1918년 여름, 그는 오래전
부터 자신의 생각을 잘 반영해주었던 미셸 베소(Michele Besso)에게 쓴 편
지에서 중력장방정식을 수정하여 '람다'를 도입한 이유에 대해 이렇게
적었다(베소는 아인슈타인이 특수상대성이론을 구축하던 1905년 초부
터 아인슈타인의 말에 귀 기울였던 엔지니어였다).

> 우주에 중심이 있어 어느 지점에서나 밀도가 사라지며, 복사에 의해 모
> 든 열에너지가 점차 소실된 무한의 지점에서는 빈 공간이라고 생각할
> 수 있다. 그렇지 않고 우주의 모든 지점이 평균적으로 균일하여, 평균밀
> 도가 어느 곳이나 동일한 우주를 생각할 수도 있을 것이다. 그러나 어느
> 경우이건 이론적인 상수인 Λ가 필요한데, 이것은 평형상태에 해당하는
> 평균밀도를 구체화하는 것이다. 이 가운데 두번째 가능성이 더 만족스
> 럽게 생각될 수 있는데, 특히 우주의 크기가 유한함을 시사하기 때문이
> 다. 우주는 특징적이기 때문에 Λ를 독특한 자연법칙으로 생각하건 아
> 니면 통합 속에서 하나의 상수로 생각하건 본질적으로 차이가 없다.[2]

이와 같은 말은 아인슈타인이 자신의 이론을 우주론에 적용할 때 나
타나는 결과로 인해 크게 고민하고 있었음을 시사해준다: 시간적 · 공간
적으로 무한하다고 본 우주의 경계조건(boundary condition)을 결정하기 위
한 그의 초기 연구는 일반상대성이론에 맞지 않았다.

아인슈타인이 언급한 우주는 시간적 · 공간적으로 무한한 우주, 고

대 이래 철학자들이 꿈꾸었던 우주였다. 아인슈타인은 그와 같은 우주가 필요하다고 믿었다. 뉴턴의 《자연철학의 수학적 원리*Philosophiae Naturalis Principia Mathematica*》 이후, 과학자들은 비록 모순이 생길 수밖에 없는 관점일지라도 공간과 시간이 무한하다고 보았다. 뉴턴의 가정처럼 중력이 실제로 어디에나 존재하는 보편적 힘이라면 우주는 그 자체의 무게로 인해 붕괴되어야 한다. 그러나 그러한 일은 일어나지 않았다. 그래서 뉴턴은 우주가 이러한 운명을 피하기 위해서는 시간적·공간적으로 무한해야 한다고 주장했다. 그러나 뉴턴의 이와 같은 주장에는 두 가지 문제가 있었다. 하나는 우주 공간이 무한하다고 해서 우주가 중력붕괴를 피할 수는 없다는 것이다. 여기에 대해서는 여러 물리학자들이 증명했다. 또 하나는 빌헬름 올베르스(Wilhelm Olbers)가 그의 유명한 패러독스에서, 그리고 여러 천문학자들이 지적한 것처럼 우주가 무한하다면 밤하늘이 검게 보여서는 안 된다는 것이다. 이러한 모순을 피할 수 있는 방법은 찾을 수 없었기 때문에, 뉴턴의 이론을 수정하는 방법이 유일한 해결책으로 보였다(일부 천문학자들은 실제로 그렇게 했다).³

아인슈타인은 일반상대성이론에 의한 중력장방정식이 이와 같이 오래된 문제를 모순 없이 해결할 수 있다고 처음부터 주장했다. 그러나 무한 우주(앞의 인용문 첫번째 문장에 해당한다)에서 경계조건을 찾기 위해 중력장방정식을 적용했을 때, 아인슈타인은 자신이 생각했던 것처럼 일반상대성이론적 모순이 없는 우주가 존재할 수 없다는 사실을 깨닫게 되었다. 문자 그대로 아인슈타인이 믿었던 우주가 사라져버렸다. 루트비히 볼츠만(Ludwig Boltzmann)의 유명하고 유용한 기체 이론에 근거하여, 아인슈타인은 유한한 우주를 상상하고 모든 별들은 기체 입자의 구름으로 "어떤 유한한 온도에서의 평형상태에 있으며, 단위 부피당 별의 숫자가 경계에서는 없어진다면 ……분포의 중심에서도 없어져야 한다"고 생각했다. 그러나 그러한 우주는 불가능해 보였다. 당시까지 알려진 우주에서의 평균 밀도는 분명히 '일정'했다.[4] 그러므로 일반상대성이론은 무한하고 정지된 상태의 우주와는 맞지 않게 되었다. 아인슈타인은 그 결과에 대해 심각하게 고려하지 않고 당시까지의 천문학적 관찰만을 토대로 하여 자신의 중력장방정식을 수정하기로 했다. 이것은 무한하지 않고 정지상태의 우주를 지지해주기 위함이었다. 여기에서 아인슈타인의 우주가 탄생했다: 별들로 이루어진 4차원적 닫힌 공간, 경계는 없지만 무한한 우주, 양의 곡률은 일반상대성이론에 의해 결정되며 우주상수에 의해 평형을 이루는 우주다. 이와 같은 아인슈타인의 우주 모형은 아인슈타인의 원통형 세계라고도 부르는데, 시간 속에서 앞으로 움직이는 편평한 2차원의 세계를 보여주기 위하여 아인슈타인이 이 모형을 2차원의 형태로 발표했기 때문이다.

앞에서 보았듯이, 아인슈타인의 중력장방정식에 대한 우주론적 해에 대해서는 아인슈타인 외의 다른 학자들도 연구했다. 드 시터는 1917년이 저물기 전에 이미 그 자신이 구한 해를 제시했다. 그의 해는 다른 학자들의 연구에 토대가 되었다: 그 모형은 내부에 아무것도 포함하지 않는 공간적으로 편평한 우주인데, 후에 르메트르가 생각한 우주 모형뿐만 아니라 드 시터가 사망한 지 10년이 훨씬 지나서 나온 호일의 정상 우주론과 앨런 구스(Alan Guth)의 급팽창 우주론에도 영향을 주었다. 아인슈타인은 드 시터의 모형에 동의하지 않고 일반상대성이론에서는 물질이 없는 공간이 존재할 수 없다고 주장했지만 곧 자신의 모형만이 유일한 가능성이 될 수는 없음을 인식하게 되었다(그 후로 여러 가지 변형 모형들이 제안되기 시작했다).

1929년까지 허블은 은하들의 적색편이를 관찰한 후, 이를 공간에서 거리가 증가하는 '겉보기' 속도라고 조심스레 명명했다. 이는 프리드만과 르메트르의 팽창우주 모형을 강력하게 뒷받침해주었다. 1930년대까지는 더욱 많은 학자들이 우주가—이상한 형태로 보일 수 있지만—풍선처럼 팽창한다는 결론에 동의하게 되었다. 아인슈타인도 1931년 캘리포니아를 방문했을 때 이러한 결론을 공식적으로 받아들였다. 프리드만의 모형에는 우주상수가 필요 없음을 생각하자(혹은 이 러시아 수학자가 우주상수를 0으로 설정했다고 볼 수도 있다), 이제 아인슈타인은 언제나 자신이 도입한 '람다' 때문에 '마음이 편치 못했으며' 르메트르에게 그 상수가 불필요할 뿐만 아니라 처음부터 도입하지 말았어야 했다고 말했다.[5] 그리고 가모프에게는 자신의 일생에서 '가장 큰 실수'라고 표현하기까지 했다.

그러나 르메트르와 에딩턴은 그렇게 생각하지 않았다. 그들은 우주상수가 임시방편으로 동원된 숫자가 아니며 중력에 균형을 이루기 위해 무에서 급조된 숫자도 아니라고 보았다. 그들에게 '람다'는 그 이상의 무엇, 물리학적인 어떤 것을 의미했다. 특히 르메트르는 이 상수가 실제적 힘을 나타내며 팽창우주에서 특수한 역할을 한다고 보았다. 그러나 아인슈타인이 중력장방정식에서 '람다'를—계량텐서(metric tensor: 시공간에서의 거리를 나타낸다)와 시공간이 어떻게 휘어져 있는지를 나타내는—왼쪽에 적용한 반면, 르메트르는 '람다'를 방정식의 오른쪽에 적용했다. 방정식의 오른쪽에서는 우주적 규모에서 에너지 변형력텐서(stress tensor,

스트레스 텐서)의 크기에 관계하는데, 이것은 방정식의 왼쪽에 표현된 시공간의 곡률(曲律)을 결정해주는 에너지의 밀도를 나타낸다(질량, 압력, 복사 등이 포함된다). 르메트르는 Λ를 실제적인 음압으로 이용하였는데 이것은 우리 태양계처럼 작은 규모에서는 무시할 수 있는 힘이지만 우주적 차원에서는 거리에 비례하여 증가한다. 이와 관련해 크라흐는 《우주론을 둘러싼 논쟁*Cosmology and Controversy*》에서 이렇게 적고 있다.

> 1933년 11월 미국 국립과학아카데미에 보낸 원고에서, 르메트르는 우주상수를 새롭게 해석할 것을 제안하였다. 즉 우주상수를 음압의 진공밀도로 이해할 수 있다고 보았다. 그는 극단적으로 낮은 밀도의 공간에 일반상대성이론을 적용할 때는 "진공 상태의 에너지가 영(0)과 다르듯이 어떤 일이라도 발생할 수 있다"고 적었다. 그리고 비상대론적인 진공 혹은 에테르−절대운동을 감지할 수 있는 매체가 없어도 되기 위해서는 $p=-\rho c^2$이라는 음의 압력이 도입되어야 한다고 주장했다. 즉 진공의 밀도로서 우주상수와 $\rho = \Lambda c^2/4\pi G$의 관계에 있다. 이러한 음압으로 르메트르의 우주가 팽창의 마지막 시기에 가속적(드 시터) 팽창을 하게 되며, 우주의 팽창력인 $\Lambda c^2 r/3$도 생긴다.
> (여기서 ρ＝밀도, c＝빛의 속도, Λ＝우주상수, G＝뉴턴의 중력상수)[6]

르메트르는 이와 같은 방법이 여러 우주팽창 모형에 적용될 수 있음을 인식했다. 즉 우주 역사의 여러 다른 시기에 팽창의 속도가 빨라지거나 느려지는 과정을 설명할 수 있다고 생각했다. 나중에 입증되는 르메트르의 선견지명이었다.

에딩턴 또한 우주상수가 실제적 힘을 나타내는 것으로 생각했다. 그는 '람다'를 우주팽창의 근본 원인으로 보았다. 르메트르가 원시원자의 개념을 도입하고 이것이 우주팽창의 시작이 되는 빅뱅 특이점으로 발전했지만, 에딩턴은 항상 중간 모형을 더 선호했다. 에딩턴과 르메트르가 제시한 그 모형에서는 아인슈타인이 생각한 초기의 정지 상태에서 팽창이 시작될 수 있었다. 거의 무한에 가까운 정체의 시기가 지난 후 이 모형은 외부로 팽창하기 시작하고 우주상수의 영향을 받아 팽창이 점점 빨라진다.

바일도 1922년에 펴낸 저서 《공간, 시간, 물질Space, Time, Matter》에서 아인슈타인의 중력과 전자기력 사이에 밀접한 연결이 있다고 보았다. 바일은 중력과 전자기력이라는 두 힘 사이의 통일에 대한 초기적 관점을 가지고, '람다'가 본질적으로 전자기력과 관련된 요소라고 생각했다. 그는 책에서 이렇게 적었다. "아인슈타인이 나중에 자신의 이론에 추가한 우주적 요소는 그 시작부터 우리가 다루는 힘의 일부다."[7]

에딩턴은 말년에 바일의 연구를 이어받았다. 그는 천문학자였지만 우주의 팽창속도에서 '람다'의 역할에 대해서는 큰 관심을 기울이지 않는 것처럼 보였다. 하지만 그의 기본적 이론(모든 것들에 대한)에서 '람다'는 중요한 역할을 차지했다. 특히 중력과 전자기력의 연결에서는 매우 중요한 역할을 했다. "람다는 중력장과 전자기장을 통일할 뿐만 아니라 중력이론 및 시공간 측정과의 관계에서 매우 중요한 역할을 하기 때문에, 람다에 대한 최초의 생각이 이상하게 생각될 정도다. 우주상수를 제거하는 것은 뉴턴 이론으로 회귀하자는 말과 같은 것으로 생각된다."[8]

에딩턴은 1944년에 사망했지만 말년 동안 아인슈타인이 그랬던 것처럼, 순수한 수학적 용어로 모든 자연을 폭넓게 설명할 수 있는 완성 이론을 만드는 데 전념했다. 그는 우주상수를 자연의 절대 상수들 중 하나로 간주했다. 그가 생각한 우주는 7개의 '원시' 상수들로 연주되는 교향곡이었다. 마치 7개의 음표로 연주되는 음악처럼 보였다. 그 7개의 상수는 전자의 질량, 양자의 질량, 전자의 전하량, 프랑크상수, 빛의 속도, 중력상수, 그리고 마지막으로 우주상수였다.[9]

그러나 에딩턴의 이와 같은 이론은 그가 사망한 지 3년이 지난 1947년까지 더 이상 발전되지 않았는데, 르메트르만이 우주학자들 중에서 유일하게 '람다'가 우주팽창에서 중요한 역할을 한다고 믿었다. 우주적인 규모에서 '람다'가 우주의 붕괴를 막아주는 역할을 할 뿐만 아니라 우주의 시간에 따른 팽창속도의 변화를 결정해준다는 것이 르메트르의 생각이었다. 즉 어느 시기에는 팽창이 빨라지고 또 어느 시기에는 우주 팽창의 속도가 느려지게 만드는 역할을 한다고 주장했다. 그러나 1930년대와 1940년대에는 르메트르가 다른 학자들에게 이러한 주장을 설득시키기가 어려웠다. 그리고 르메트르는 불행하게도 아인슈타인과 함께 연구할 기회를 갖지 못했다.

1947년, 르메트르는 프린스턴에 있던 아인슈타인에게 논문을 보낸 적이 있었다. 그 논문은 '살아 있는 철학자 문집 시리즈'의 한 권으로 출판될 예정인 아인슈타인 기념 논문집에 싣기 위해 작성된 것이었다.[10] 논문과 함께 보낸 편지에서 르메트르는 이렇게 적고 있다. "저는 '우주상수'를 주제로 정했습니다. 이 주제에 대해서 저는 선생님과 토의한 적이 있습니다. 프린스턴에서 선생님을 마지막으로 만났을 때 저는 선생님께 몇 가지 이유를 말씀드렸었습니다." 르메트르는 어떤 방법으로 접근하더라도 우주 모형에는 '람다'가 있어야 한다며 그 이유를 세 가지로 설명했다.

- 중력 질량은 명백한 효과를 가집니다. 하지만 우주상수를 추가하지 않았더라면 중력 질량을 에너지로 정의할 수 없었을 것입니다. 그리고 에너지 수준이 0인 경우 변화시키기 위해서는 이론을 수정할 도구가 있어야 했습니다.
- 우주 진화의 시간이 현재 알려진 지질학적 나이와 크게 어긋나는데, 이를 설명하기 위해서는 우주상수가 필요합니다.
- 중력 수축과 우주팽창 사이의 균형의 불안정은─지질학적 시간보다 10배 이상 되는 시간과 비교할 때─짧은 기간 동안에 이루어진 별의 진화를 이해하는 유일한 수단이 됩니다. 우주상수가 없다면 이 모든 것이 불가능할 것입니다.

1947년 9월 26일, 아인슈타인은 "상대성이론의 우주론적 의미를 귀하만큼 깊이 있게 연구한 학자를 저는 알지 못합니다"라는 인사로 시작하는 답장을 보냈다. 하지만 그는 다음과 같이 계속했다.

Λ를 방정식에 도입한 이후 저는 항상 마음이 편치 못했습니다. 그러나 당시에는 유한한 평균밀도로 존재하는 상황을 다른 방법으로 다룰 수는 없었습니다. 저는 즉, 중력장의 법칙이 논리적으로 덧셈으로 연결된 두 개의 별개 항목으로 구성되어야 한다는 생각이 매우 잘못된 것임을 알게 되었습니다. 논리적 단순화에 대한 그와 같은 생각이 자리 잡자 저는

더 이상 주장할 수 없게 되었습니다. 그런 생각은 점점 확고해졌으며, 그와 같이 잘못된 이론이 자연에서 가능할 것으로 믿을 수 없었습니다.

아인슈타인은 자연의 단순성과 아름다움에 대해 강력한 믿음을 가졌으며, 그가 생각한 아름다움은 그의 방정식에 담겨졌다. 그리고 르메트르에게 쓴 편지에서 자신의 느낌을 애써 설명하지 않았지만, 자신의 관점에서 '람다'라는 항목에는 이제 평형을 이루는 요소로서의 아름다움이 더 이상 존재하지 않는 것으로 보였을 것이다.

아인슈타인은 편지의 다음 페이지에 계속해서 르메트르의 첫번째 지적(일반상대성이론 방정식에서 람다가 중력질량이 에너지와 같아지도록 해주는 역할을 한다)을 발견하지 못했던 이유를 설명했다. 하지만 그는 르메트르가 두번째와 세번째 지적한 시간의 크기 문제와 관련해서는 "사실과의 모순을 피하기 위해서는 T_0라는 개념을 과감히 받아들여서 가정할 필요도 있습니다. Λ라는 항목의 도입이 그 가능성을 제공해주는 것은 사실입니다. 그렇게 하는 것이 올바른 방법일 수도 있습니다"라고 적었다. 그러므로 일부에서 주장하듯이 아인슈타인이 르메트르의 주장들을 완전히 거부했다고 볼 수는 없다. 여기서 만약 1951년 슈뢰딩거가 고등과학원 방문교수로 르메트르를 초빙했을 때 받아들였더라면 르메트르가 아인슈타인을 어느 정도 더 잘 이해시킬 수 있었을까 의문을 가져볼 수 있다. 그곳에서 르메트르는 좀 더 끈질기게 아인슈타인을 설득할 수도 있었을 것이다.

1947년 두 사람 사이에 이와 같은 교류가 있은 지 몇 년 후, 팔로마산 천문대의 천문학자 바데가 은하의 거리를 새로 측정하여 허블시간을 다시 계산하게 되었다. 그 결과 거의 40억 년 정도로 우주시간이 늘어났는데, 이것은 지구의 지질학적 연령이나 태양진화의 이론과 비교적 일치했다(허블이 처음 추정한 허블시간과는 크게 차이가 있으며, 그동안 그의 데이터에 아무도 의문을 표시하지 않은 것이 놀라울 정도였다). 허블의 제자인 샌디지와 뛰어난 학자인 휴메이슨은 1956년에 그 시간을 훨씬 더 앞당겼다. 샌디지는 "계산된 시간에 차이가 난다고 해서 우주 모형의 탐구를 포기해버릴 이유는 없다. H의 가능한 값이 필요한 범위 안에 있기 때문이다"라고 지적했다.[11] 여기서 H는 허블시간을 말한다. 다른 말로 하면 우주의 나이를 40억 년으로 다시 계산함으로써, 르메트르-프리드만의 표준 모형은 우주팽창을 설명해주기에 충분한 설득력을 가지게 되었고, 우주상수가 있어야 할 이유는 더 줄어들었다.

그러나 르메트르는 여기에서 중단하지 않았다. 그의 직감은 이제 더 강하게 다가왔다. 르메트르가 우주상수를 이용한 것은 40년 전에 이미 급팽창이론(좁은 의미에서지만)을 예견한 것이다. 그뿐만이 아니라 20세기 말의 관찰 결과 우주의 팽창속도가 일정하지 않아 과거에는 팽창이 느렸고 현재는 더 빠르다는 사실을 알게 된 것도 르메트르의 우주상수가 예견했다고 볼 수 있다. 르메트르는 '멈칫하는' 모형을 생각했는데, 우주는 초기의 초고밀도 상태에서 빠르게 팽창한 다음 팽창속도가 느려졌다가 다시 속도가 빨라진다.

1980년에 최초로 급팽창이론을 제안한 구스는 르메트르의 연구가 자신에게 끼친 영향에 대해 이렇게 설명하였다.

당시에는 몰랐지만 내가 발견한 점점 더 빠르게 팽창하는 공간은 새로운 개념이라고 할 수 없다. 이는 상대성이론 방정식의 우주론적 초기의 해들 중 하나였다. 나는 드 시터의 1917년 우주론 방정식을 재발견했는데 이것은 르메트르의 1925년 MIT 박사논문에 포함되어 있었다.[12]

이는 르메트르의 〈드 시터의 우주에 관하여〉였는데, 르메트르는 논문에서 그 독일인 천문학자의 모형이 한계를 가지고 있긴 하지만 정지 상태가 아닌 우주를 생각한 첫번째 우주 모형이었음을 보여주었다.[13]

급팽창 모형은 1970년대 후반 표준적 빅뱅 모형에서 발생하던 입자 물리학적 문제들을 해결하기 위해 구스가 제안한 모형이었다. 그 당시에 소립자를 연구하던 학자들은 빅뱅의 표준 모형을 대통일장이론과 결합시키고자 했다. GUT(Grand Unification Theory)로 불리던 대통일장이론들은 하나같이 우주의 초기 단계에 '마그네틱 모노폴(Magnetic Monopole, 자기단극자)'이라는 입자들의 과잉이 예측되는 문제가 있었다. 마그네틱 모노폴이란 하나의 극만 가지고 있는 양자 수준의 자석이다(표준적인 자석은 같은 강도의 N극과 S극을 가진다). 구스는 대통일장이론들에서 마그네틱 모노폴이 예측된다면 빅뱅 모형은 그 입자들이 어떻게 되었는지 설명해주어야 한다고 생각했다. 현재 우주의 어느 곳에서도 그러한 입자가 관찰되지 않기 때문이다. 그러나 구스는 자신의 이론이 빅뱅의 표준 모형이 안고 있던 또 다른 두 가지 문제들도 해결할 수 있음을 알았다.

펜지어스와 윌슨이 우주배경복사를 발견한 이후, 그 복사파는 빅뱅 이후 약 30만 년이 지났을 때 생성된 것으로 계산되었다. 그때는 우주가 처음으로 투명해진 시기, 즉 광자의 분리가 일어나고 물질의 융합이 복사를 압도하게 된 시기였다. 우주 배경에 대한 세밀한 관측 결과, 공간의 방향에 관계없이 같은 온도를 가지고 있음이 확인되었다. 그러나 계산 결과는 또한 우주의 반대편 끝에서 와서 지금 지구에 도착하는 배경 복사파들은 빅뱅으로부터 30만 년 후의 초기 분리 지점에서 서로 분리되어 약 100지평거리(horizon distance)만큼 떨어져야 했음을 말해주었다. 그러나 에너지나 정보가 1지평거리 이상 여행하는 것은 불가능하기 때문에 우주는 완전히 균일한 상태에서 시작되었다고 가정할 수밖에 없었다. 물론 이것은 불가능한 일이었다. 그리고 우주가—영구히 팽창하거나 자체 붕괴하지 않고—균형을 유지하는 데 필요한 임계밀도(critical density)와 비슷한 질량밀도에서 시작되었다고 생각하는 것도 마찬가지로 불가능했다.

천문학자들은 임계 질량밀도에 대한 우주의 실제 질량밀도의 비를 Ω(오메가)로 표기했다. 예를 들어 Ω 값이 1이면 우주가 편평함을 의미하고, Ω 값이 1보다 작으면 우주가 영원히 팽창하며, Ω 값이 1보다 크다면 우주가 특이점(singularity) 상태로 붕괴한다. 그러나 우주가 처음 Ω에 가까운 값에서 시작해야만 하는 이유는 불명확했다. 그래서 구스는 우주의 초기 단계에서 가짜 진공(false vacuum)이라는 개념을 제안했다. 이것은 바깥을 향하는 음의 압력으로, 람다의 역할과 비슷했다. 즉 우주의 팽창에 갑자기 작용하는 짧고 매우 강력한 힘으로 생각할 수 있었다—그처럼 짧은 시간에 우주의 크기를 그와 같은 크기로 부풀린다면 지평거리의 문제와 마그네틱 모노폴의 문제가 효과적으로 해결될 수 있었다. 그렇게 생각하면 우주가 어떤 임의의 질량밀도에서 시작할 수 있으며 균일하지 않고 현재 측정되는 것과 같은 모양으로 진화될 수 있다. 마찬가지로, 공기가 빠져나간 풍선처럼 주름과 굴곡들이 많은 우주는

'급팽창' 되면서 크기가 크게 불어난다. 구스의 이론은 급팽창 개념을 이용해서 현재 관찰되는 우주가 실제 크기의 일부분에 불과할 수 있음을 시사했다.

르메트르는 이와 같은 이론도 예측했다. 1933년과 1934년 르메트르는 톨먼과 함께 쓴 논문에서 중력장방정식의 비균일적 해를 구하고, 우주가 일부는 팽창하면서 동시에 다른 일부들은 수축하는 것이 가능하다고 주장했다. 톨먼은 이렇게 기술했다. "현재의 망원경으로 관찰 가능 범위를 넘는 지역은 팽창보다는 수축하는 것으로 생각되며, 밀도가 있는 물질들이 포함된 우리가 알고 있는 우주와는 진화적 발달 단계가 크게 다를 것이다."[14] 마찬가지로 급팽창 모형으로 설명하는 광대한 우주에 대해서도, 현재 관찰되는 우주는 팽창과 수축의 공간이 공존하는 바다에서 거품 하나에 불과하다고 설명했다. 모두가 급팽창이론에 동의하는 것은 아니지만, 대부분의 우주학자들은 급팽창이론이 현재의 빅뱅 모형에서 핵심적인 위치를 차지한다고 생각한다.

우주상수 그 자체를 급팽창의 배후를 이루는 가짜 진공의 실체로 볼 수는 없을까? 구스는 그렇게 생각하지 않았는데(적어도 그의 책이 출판될 때까지는), 람다가 가장 상대론적인 모형에서의 상수로 간주되었기 때문이다.

람다는 그 자체가 직접적으로 혹은 다른 에너지원과 함께 지난 20세기 후반의 가장 중요한 발견과 깊숙한 관련이 있다. 즉 우주의 팽창이 가속되고 있다는 발견이다. 지난 10년 동안 천문학자들과 우주학자들은 현재와 같은 팽창의 시기에 어느 정도 바깥으로 작용하는 압력이 아직 작동 중이라는 사실을 인식하고 매우 흥분하게 되었다.[15] 람다가 바로 그 힘이거나 아직 관찰되지 않고 근원을 알 수 없는 암흑 에너지와 람다가 함께 작용하는 것일 수도 있다.

천문학자들은 별이 폭발할 때 그 폭발로 생성되는 요소들을 관찰할 수 있는 드문 기회를 가진다. 1604년에 케플러는 지구가 소속된 은하수에서 별이 폭발하는 초신성을 마지막으로 발견하여 보고했다. 별의 폭발은 그보다 더 자주 일어날 것으로 여겨지지만 은하수 내에서의 지구 위치로 인해 초신성을 관찰하기가 어렵다. 1987년 은하수에 가까운 위성은하인 대마젤란성운에서 일어난 별의 폭발은 천문학자들에게 새로운 관찰의 기회가 되었으며, 그후 많은 초신성들이 관찰되었다. 이러한 관찰 데이터들을 바탕으로 초신성의 유형을 분류할 수 있게 되었다. 표준적 초신성은 가장 설명이 간단한 유형으로 태양 질량의 여덟 배 이상되는 무거운 별이 폭발하는 것이다. 별이 가진 수소와 헬륨을 모두 소진하고 탄소까지 연소시켜서, 중력을 이겨내기 위해 연소시킬 재료가 더 이상 없게 되면 별이 붕괴하면서 크게 밝아진다. 천문학자들이 2형 초신성(SN II)이라 부르는 유형으로 그 결과 중성자별이 만들어지거나 그 자리가 블랙홀이 된다.

다른 유형인 1a형 초신성(SN Ia)은 2형 초신성처럼 특징적이며 그 모양이 장관을 이루는데, 천문학적 거리 측정에 중요한 역할을 한다. 1a형 초신성은 이미 찌그러든 별인 백색왜성으로 주위의 별에서 물질을 빨아들여서 질량이 한계점까지 증가한다(천문학자인 찬드라세카르는 이를 태양 질량의 1.44배로 정의했다). 이 지점에서 그 별은 폭발하는데, 이때 은하 전체의 밝기만큼이나 밝아진다. 이 별은 측정의 표준으로도 사용된다. 만약 폭발 유형의 절대 밝기를 안다면, 1a 초신성의 겉보기 밝기와 비교하고 적색편이와 결합하여 천문학적 거리를 측정할 수 있다. 1920년대와 1930년대 허블과 휴메이슨이 세페이드 변광성을 표준으로 하여 측정했던 값보다 더 정확한 측정이 가능하다.

1980년대 후반부터 샌프란시스코 로렌스 버클리 국립천문대의 사울 펄머터(Saul Perlmutter)가 이끄는 연구진은 많은 수의 은하들을 관찰하여 1a 초신성들에 대해 얻을 수 있는 최대한의 데이터를 수집했다. 펄머터는 그렇게 수집한 1a 초신성들에 대한 새로운 데이터들을 이용하여 우주의 팽창속도가 어떻게 느려지는지 좀 더 새롭고 정밀하게 추정할 수 있었다. 그가 발견한 것은 정확하게 반대였다. 1998년까지 그의 측정 결과에 따르면 측정된 거리가 먼 곳일수록 은하들의 겉보기 속도는 더 느린 것으로 나타났다. 가까운 은하는 멀리 떨어진 은하보다 더 빠르게 멀어지고 있었다. 멀리 떨어진(최대 120억 광년) 은하들로부터 오는 빛이 아주 오래전에 출발했음을 고려하더라도 우주가 수십억 년 전에 비해 현재는 빨리 팽창하고 있다는 결론을 피할 수 없었다. 하버드대학의 천체물리학자인 로버트 커시너(Robert Kirshner)가 주도하는 연구진도 자신들이 독자적으로 수행한 관측에서 이와 동일한 결과를 얻어 이러한 결론을 확인했다.

거의 하룻밤 사이에 모든 우주학자들에게 우주상수는 아인슈타인의 방정식에 다시 삽입되어야 할 항목으로 등장했다. '람다'를 아인슈타인의 중력장방정식에서 필수적인 항목으로 보았던 르메트르의 생각은 지난 10년 동안의 발견들로 입증되었다고 할 수 있다. 우주팽창에 대한 새로운 관측 결과들에 대해서는 설명이 필요한데, 이는 현재의 우주론에서 가장 흥미 있는 연구 주제다. 우주상수는 20세기 우주론에서 오랫동안 인정받지 못하고 무시당해왔지만 이제는 우주팽창이 가속되는 이유를 설명해줄 수 있는 요소로 재등장했다. 한때 아인슈타인은 우주상수를 '실수'라고 표현했지만, 이제 우주상수는 전혀 실수로 보이지 않으며, 우주의 궁극적 모습을 찾아가는 기나긴 과정에 또 하나의 이정표가 되고 있다.

물론 명료하게 결론이 도출될 수 있는 주제는 아니다. 대부분의 우주학자들은 현재의 이론에서 볼 때 우주상수 '람다' 하나만으로 팽창의 가속화를 설명할 수 있다고 생각하지 않는다. 일반상대성이론의 중력장 방정식에서 우주상수 항목은 0에 가까운 값을 의미했으며, 또 우주를 설명하는 이론이 무효가 되지 않기 위해 0에 가까워야만 했다. 그러나 입자물리학은 우주상수의 형태를 다르게 그린다. 소립자를 연구하는 학자들은 '람다'를 우주에서 진공의 에너지 밀도 값으로 생각하는데, 르메트르는 1933년에 이미 이와 같은 제안을 한 바 있다. 그러나 입자물리학에서의 에너지 밀도는 클 것으로 예상된다—실제로 고전적인 일반상대성이론에서 사용되는 0에 가까운 값의 120배다. 그러므로 이와 관련하여 일반상대성이론과 입자물리학 사이에는 커다란 불일치가 존재하며, 언제 이 문제가 해결될지는 아무도 알 수 없다. 그러나 대부분의 천문학자와 물리학자들은 입자물리학과 일반상대성이론을 통일하는 새로운 이론이 만들어지면 해답이 나올 것으로 믿고 있다.

10. 특이점을 통해 우주를 보다

르메트르는 당시로서는 드물게 일반상대성이론에도 풍부한 지식을 가진 사람이었다. 수학, 특히 미분기하학에 뛰어났으며, 물리학적 감각도 탁월했다.

– 아이젠스타트, 〈르메트르와 슈바르츠실트 해〉

르메트르의 1925년 MIT 박사논문에 포함된 〈드 시터의 우주에 관하여〉는 우주론에 관한 그의 모든 연구들의 토대가 된 논문이라 할 수 있다. 팽창하는 우주에 관한 1927년의 논문이 여기에서 태동했을 뿐만 아니라, 1932년의 논문에도 결정적인 기여를 했다. 르메트르의 이 1932년 논문은 그 중요성이 흔히 간과되는데, 블랙홀이라는 아직 발견되지 않은 위대한 우주적 유물에 관한 이론적 발전과 모델링 과정에서 우주학자들이 일반상대성이론의 슈바르츠실트 해가 가지는 중요성을 인식하는 계기가 되었다.

르메트르는 〈드 시터의 우주에 관하여〉에서 드 시터가 좌표를 잘못 선택했기 때문에 아인슈타인 방정식의 표면적으로 '정적인' 해만을 구했으며 이것은 텅 빈 우주가 공간적으로 편평함을 나타낸다고 지적했다. 그러나 드 시터의 해를 임의의 좌표에 적용해보면 정적인 상태가 아닌 우주 모형이 나온다. 그러한 우주 공간 안으로 던져진 입자들은 서로 멀어져 가며, 적색편이가 그 멀어지는 속도를 나타낸다. 르메트르는 은하계 바깥의 은하들이 실제로 보이는 적색편이가 그와 같은 우주 모형에 대한 증거가 될 수 있다고 주장했다. 나중에 드 시터의 모형은 팽창 우주 모형의 첫번째 제한된 사례로 인식되지만, 당시에는 드 시터 공간 내의 천체에서 물체의 적색편이가 공간의 팽창 자체에서 비롯된다고 해석하지 않았다.

또한 르메트르는 슈바르츠실트가 구한 아인슈타인의 방정식에 대한 최초의 완전한 해, 즉 유체물질(fluid matter)의 완벽한 구(球) 역시 좀더 일반적이고 역동적인 해에서 하나의 제한된 사례에 불과한 것으로 보았다. 슈바르츠실트는 1916년 논문에서 중력수축에서의 구체(球體)가 가질 수 있는 한계 반지름을 정의했다.[1] $2Gm/c^2$(G=뉴턴의 중력상수, m=구의 질량, c=빛의 속도)이라는 유명한 슈바르츠실트 반지름이다. 이것은 별이 블랙홀로 붕괴하기 전에 수축될 수 있는 반지름 한계로 알려졌다. 물론 이는 현대적 해석이며, 슈바르츠실트가 이와 같은 식을 유도해낼 당시에는 그 자신뿐만 아니라 아인슈타인 등 누구도 이렇게 생각하지 못했다. 슈바르츠실트는 그의 논문에서 구에 관한 두 가지의 해, 즉 '내부 해'와 '외부 해'를 찾았다.

슈바르츠실트의 내부 해에서 천체는 반지름 $r=a$에 일정한 밀도의 유체 구로 설명된다. 슈바르츠실트는 자신의 모형을 적용하면 구의 반지름이 슈바르츠실트 한계값과 같아지는 순간 구의 중심에서 압력이 무한대가 된다는 것을 인식했다. 슈바르츠실트 특이점의 반지름 $2Gm/c^2$은 슈바르츠실트 반지름 한계값보다 작기 때문에 특이점이 한계값 반지름보다 작아질 수 없는 모순이 발생한다. 그러므로 슈바르츠실트 특이점은 물리학적으로 불가능한 존재다.[2]

다른 말로 하면 그의 방정식을 적용할 때 내부 해에 대한 구의 압력이 무한대가 되었기 때문에, 슈바르츠실트는 "한계 농축 이상으로 더 이상 압력을 가할 수 없는 유체 구가 존재할 수 없다"고 생각했다. 그러므로 슈바르츠실트 한계값인 $2Gm/c^2$는 물질의 끝이 되어야 했다. 말하자면, 슈바르츠실트의 결론을 바탕으로 아인슈타인을 비롯한 당대의 학자들은 이와 같은 지평을 넘어서는 물리학적 상태가 존재할 수 없다고 생각했다.

에딩턴은 슈바르츠실트 한계값을 '마술의 원(magic circle)'이라 불렀는데, 그곳에서는 빛과 입자들이 빨려들지만 절대 통과할 수는 없다는 의미였다. 오늘날에는 물론 이러한 한계값을 '사건의 지평선(event horizon)'이라는 다른 용어로 표현하는데, 별이 붕괴하여 블랙홀이 되기 직전 값으로 그 이상에서는 별이 수축한다. 그래서 슈바르츠실트는 일반상대성이론을 적용하여 이론적으로 블랙홀을 '발견한' 사람으로 간주된다. 그러나 사실 슈바르츠실트는 한계값 자체를 특이점으로 생각하고 그 이상에서는—아인슈타인이 생각했던 것처럼—자연에서 물리학적으로 '실현 불가능하다'고 보았다. 슈바르츠실트의 한계는 나중에 천체물리학자들이 실제 특이점으로 생각하는, 즉 블랙홀의 특정이 아니었다. 그 값은 그 이상이 되면'물질이나 에너지가 블랙홀에서 빠져 나오지 못하는 사건의 지평선으로 간주된다. 슈바르츠실트의 해에 대한 생각이 변화한 것이다.

1932년 르메트르는 실제적 특이점은 구의 반지름이 $2Gm/c^2$를 넘어 0으로 붕괴된다고 주장했는데, 아인슈타인의 방정식에 대한 새로운 해를 제시하여 특이점이 어떻게 구현되는지 보여주었다. 르메트르는 슈바르츠실트의 내부 해로부터, 0의 압력을 가진—유체라기보다는 먼지인—구를 가정하면 슈바르츠실트의 해에서 제시되는 표면적 '특이점'은 단지 표면적이고 가공적인 상태일 뿐이라고 주장했다. 즉 흔히 말하는 '마술의 원' 한계값보다 더 축소시킬 수 있었다. 반지름 $r=0$까지 압축이 가능했다. 어떻게? 르메트르는 "프리드만 우주의 방정식에서 우주의 반지름에 대한 해가 0이 되었음"을 기억했다. 이와 같은 모순은 "특정 질량에서 대부분의 학자들이 반지름은 $2Gm/c^2$보다 작아질 수 없다"고 생각했기 때문이었다. (프리드만의 논문들은 1922년과 1924년에 작성되었고, 그때는 슈바르츠실트가 갑자기 사망한 지 각각 6년과 8년이 지난 후였음을 생각하자.)

르메트르는 내부로 붕괴하는 구와 슈바르츠실트의 고전적 특이점 사이의 상태에 대해 흥미를 갖고 탐구했다. 즉 $r=0$인 공간과 $r=2Gm/c^2$인 공간 사이였다. 슈바르츠실트는 각각의 공간을 연구하기 위해 두 개의 좌표 시스템을 이용했지만 르메트르는 하나의 좌표 시스템을 두 가지 공간 모두에 적용했다. 르메트르는 수학적 방법으로 "슈바르츠실트의 선형요소(시공간의 인접한 두 점 사이 거리의 제곱을 의미한다)의 형태는 유일한 특이점 해가 $r=0$에서 결정됨을 명확하게 보여준다"는 사

실을 발견했다. 즉, "$r=2Gm/c^2$에서는 특이점이 존재하지 않는다"는 것이었다.[3]

르메트르가 1932년에 발표한 논문 〈팽창하는 우주The Universe in Expansion〉는 당시 학계에서 큰 주목을 받지 못했지만(르메트르가 살아 있는 동안 영어로 번역되지도 않았다),[4] 그가 칼텍에서 두 달 동안 함께 연구했던 톨먼은 르메트르의 '먼지 해'를 받아들여 1934년에 발표한 자신의 후속 논문에서 활용했다.[5] 정상우주론을 공동 창시했던 본디도 몇 년 후에 발표된 논문에서 이를 사용했기 때문에 '톨먼-본디의 해'라고 도 불린다.[6]

톨먼의 논문에서 힌트를 얻어, 1934년 아일랜드 출신 물리학자인 존 라이턴 싱(John Lighton Synge)—아일랜드의 유명한 희곡작가인 존 밀링 턴 싱(John Millington Synge)의 조카다—도 르메트르의 먼지 해를 이용하여 압력이 없는 입자들의 구름이 슈바르츠실트 특이점보다 더 수축될 수 있음을 보여주었다.[7] 그러나 그는 15년 뒤 비슷한 논문을 추가로 발표할 때까지 먼지 해가 르메트르의 연구 결과임을 밝히지 않았다. 싱의 1934 년 논문은 오펜하이머의 연구에 앞선 성과였지만, 2년 전 르메트르의 논문처럼 당시에는 거의 반응을 일으키지 못했다. 싱은 널리 알려진 물 리학자로 르메트르보다 3년 늦은 1897년에 출생하여 1995년까지 장수 했다.

르메트르의 해를 이용한 톨먼의 연구는 오펜하이머와 하틀랜드 스 나이더(Hartland Snyder)가 1939년에 발표한 고전적 논문인 〈지속적인 중 력수축Continued Gravitational Contraction〉에 직접적이고 커다란 역할을 했 다.[8] 그 한 해 전에 오펜하이머는 톨먼에게 보낸 편지에서, 자신과 조지

오동 고다르, 앙드레 드프리와 함께 70회 생일을 축하하며

볼코프(George Michael Volkoff)가 중성자별에 관한 논문을 쓰는 데 그와 같은 이론이 중요한 역할을 하고 있다고 말했다.[9] 그들은 붕괴하는 별에 대한 독창적 논문을 작성하는 과정에서 줄곧 의견을 주고받았다(당시에는 '블랙홀'이라고 부르지 않았는데, 이 용어는 1968년에 휠러가 처음 사용했다).

오펜하이머와 스나이더는 그들의 첫번째 논문에서 중력장방정식에 대한 르메트르와 슈바르츠실트의 해를 명시적으로 활용하여—가상의 수학적 공간이나 입자들의 구름이 아닌—별의 물리적 붕괴를 설명했다. 그들은 논문의 서두에서 이렇게 말했다.

모든 열핵 에너지원이 소진되면 충분히 무거운 별은 붕괴하게 된다. ……별의 반지름은 중력 반지름으로 접근해 가고, 별의 표면에서 나오는 빛은 점점 더 붉어지고, 점차 별을 벗어나는 각의 범위가 좁아진다.

······외부의 관찰자들은 별이 그 중력 반지름으로 수축되어 가는 모습을 보게 된다.

르메트르가 그 논문에 기여한 역할은 아무리 강조해도 지나침이 없다. "르메트르는 일반상대성이론을 구형의 대칭적 천체에 적용하여 최초의 일반적이고 동적인 해를 구했는데, 그 해를 이용하면 별의 진화 과정을 완전하게 이해할 수 있고, '단일한' 좌표체계에서 그 외부중력장 및 내부중력장을 모두 설명할 수 있다."(강조 부분은 원문에 의함.)[10]

중력장방정식에 대한 르메트르의 먼지 해가 톨먼과 오펜하이머에게 기여한 역할은 제대로 인식되지 못했다. 르메트르는 틀림없이 중요한 역할을 했다. 무엇보다도 톨먼은 르메트르가 자신의 논문을 연구소 출판부에 제출한 후 칼텍에서 르메트르로부터 직접 그 해에 대해 배웠다. 그러나 앞에서 언급한 것처럼 그 논문은 영어로 번역되지 못했다. 그러나 톨먼은 1934년에 발표한 논문에서 르메트르의 연구를 바탕으로 했음을 명시했다. 그리고 다시 오펜하이머는 자신의 1939년 논문에서 톨먼의 역할을 명시했다. 하지만 오펜하이머는 톨먼의 연구가 르메트르의 연구를 바탕으로 했다는 것을 알지 못했다. 사실 이러한 문제는 과학 논문들에서 흔히 발생하곤 한다. 앞에서 언급했듯이 1947년에 발표된 본디의 논문 이후 많은 사람들은 먼지 해를 본디의 연구 성과로 생각했다. 아이젠스타트의 설명에 따르면 문제를 더욱 꼬이게 만든 것은 나중에 찰스 미스너(Charles Misner)의 일반상대성이론 교과서에서 오펜하이머와 스나이더의 모형이 사실은 그렇지 않음에도 균질적이라고 서술한 것이었다.[11] 스나이더와 오펜하이머는 르메트르가 제안한 방법론을 이용하여 자신들의 모형을 구상했는데, 여기서는 모든 곳에서 압력이 없지만 밀도는 반지름 r과 시간 t의 함수로 르메트르의 먼지 해와 일치한다. 중요한 것은 르메트르의 생각이 블랙홀 이론의 발전에 핵심이 되었다는 점이다. 실제로 "그는 부피가 0으로 붕괴할 수 없는 필연성과 슈바르츠실트 특이점이 가지는 소설 같은 특성을 이해했으며, 이것은 오펜하이머와 스나이더가 도달하지 못했던 경지였다."[12]

사실 르메트르가 생각했던 개념들은 현대 우주론이 만들어지던 초기의 거의 모든 중요한 발전들에 있어 핵심적 역할을 했다. 팽창우주에서부터 우주상수와 블랙홀까지 르메트르는 그 중심에 있었다. 그는 아인슈타인과 드 시터의 우주 모형이 거대하고 복잡한 팽창우주 모형에서 단지 제한된 사례들에 지나지 않는다는 사실을 가장 먼저 인식한 학자였다. 그와 같은 우주 모형은 초고밀도의 상태에서 진화해야 한다고 생각한 최초의 사람도 르메트르였다. 그리고 더 중요한 것은 매우 이른 시기부터 그가 가장 먼저 상대성이론에 의한 예측을 실제 천문학적 관찰들과 결합시켰다는 점이다. 르메트르가 가진 어떤 특성이 그를 동시대의 다른 학자들보다(심지어는 아인슈타인보다) 앞서 나가서 일반상대성이론으로 도출되는 모든 우주론적 결과들을 생각해낼 수 있게 했을까? 이러한 재능은 우주방정식을 수립하고 그 해를 구한 아인슈타인이나 슈바르츠실트와 같은 학자들에게도 없었다.

《아인슈타인 연구Einstein Studies》 제5권 서문에서 아이젠스타트 교수가 르메트르에 대해 평가한 글을 여기에 인용한다.

르메트르가 이용한 방법론의 가장 중요한 특성 중 하나는 자신의 연구에서 부분과 전체를 절묘하게 결합한 데 있다. 별과 우주, 수축하는 은하와 팽창하는 우주, 별의 압축과 우주의 붕괴 등이다. 르메트르는 전체 속에서 부분을 설명할 수 있었다: 별은 우주에 포함되고, 슈바르츠실트의 해는 프리드만의 해와 동일한 좌표에서 설명된다. 이와 같이 부분과 전체를 결합시키고, 우주론과 개별적 별들에 대한 연구를 함께 이해함으로써, 르메트르는 사물을 새롭고 예상치 못한 방법으로 바라볼 수 있었다. 슈바르츠실트 특이점을 내부 해로 설명하고 우주를 외부 해로 설명했다. 르메트르가 슈바르츠실트 특이점에서 더 이상 작아질 수 없는 한계라는 도그마를 제거할 수 있었던 것은 우주방정식을 다루는 그의 뛰어난 재능과 함께 종합적으로 접근하는 연구방법 덕분이었다.[13]

르메트르의 나이가 상대적으로 적었다는 점도 분명히 도움이 되었다. 그는 뉴턴 물리학이 아닌 아인슈타인 물리학으로 교육받은 첫번째 우주학자였다고 볼 수 있다. 르메트르와 동시대에 활동했던 학자들(그의 스승이기도 했다)인 아인슈타인, 에딩턴, 드 시터, 그리고 톨먼과 로버트슨 등은 나이가 더 많았으며 르메트르에 비해 좀 더 고전적인 교육을 받은 물리학자들이었다. 그리고 아인슈타인과 같은 당대의 학자들은 새로운 우주론의 문제에 "신-뉴턴주의적(Neo-Newtonian) 방법으로 접근하여 포스트-뉴턴주의적(Post-Newtonian) 방법으로 근사치를 추정하고 일반상대성이론의 신-뉴턴주의적 해석을 강조했다."[14] 르메트르는 이러한 방법론을 사용하기보다는 그가 가능하다고 생각했던 방법으로 상대성이론의 중력장방정식을 자유롭게 다룰 수 있었다. 이것은 그의 스승들이 발견하지 못했던 가능성이었다. 수학에서 곧바로 상대성이론으로 옮겨온 르메트르의 학문 경로도 중요한 역할을 했다. 물리학을 전공하는 학생들은 대부분 직접 옮겨가기보다는 우회하는 방법을 선택했다. 즉 수학을 물리학적 사고에 필요한 학문으로만 배웠다.

그러나 다른 요인도 있었을 것이다. 물론 그 가능성만 짐작해볼 수 있을 뿐이지만 말이다. 그것은 바로 르메트르의 직업이다. "르메트르는 가톨릭 신부로서 신의 존재를 더 가까이에서 느꼈을 것이다. 그리고 그렇기 때문에 창조론에서 더 자유로울 수 있었을지도 모른다. ……르메트르는 전체와 부분을 결합시키고자 했다. 이러한 과제를 수행하는 데 신부보다 더 적절한 사람이 있을까? 그는 이를 자신의 과제로 확신하며 엄격한 물리학과 수학을 통해서 대답해갔다. 르메트르에 대해 과학과 종교를 혼동한 사람으로 비난하는 것은 적절한 일이 아니다."[15] 그러나 결국 르메트르의 신앙과 그의 직업 문제가 거론될 수밖에 없다. 신부라는 직업과 그의 신앙이 과학과 상대성이론 그리고 우주론에 대한 그의 관점에 준 영향은 무엇이며 과학은 또 그의 신앙에 어떤 영향을 주었을까?

11. 우주 속의 종교

나는 이 주제에 대해 그리고 르메트르가 제시한 웅대한 그림에서 느꼈던 감동을 이야기하면서, 종교에 가장 가까운 학문은 과학 분야의 우주론인 것 같다고 이야기했다. 그러나 르메트르는 이에 동의하지 않았다. 내 말에 대해 잠시 생각하더니 종교와 가장 가까운 학문은 심리학일 것이라고 대답했다.

– 폴 디랙, 〈르메트르의 과학연구〉

'세계의 시작'이라는 주제는 믿음에 관한 것이지, 드러내거나 과학적으로 연구할 대상은 아니다.

– 토마스 아퀴나스, 《신학대전》, 질문46-2

세계의 시작이 있는지의 여부는 신학에서 전혀 중요하지 않은 마지막 주제라 할 수 있다.

– E. L. 마스칼, 《그리스도교 신학과 자연과학》

어넌 맥멀린(Ernan Mcmullin)은 1951년에 대학원생 물리학도였다. 르메트르의 동료 연구진이나 제자들에게 그랬던 것처럼, 그에게도 신부님 르메트르는 억제할 수 없는 정열과 항상 밝은 미소를 소유한 스승이었다. 맥멀린은 르메트르와 함께 그 해 가을 루뱅의 대학원 세미나에 참석했다. 그때 르메트르는 교황청 과학아카데미 회의에 참석하기 위해 잠시 혼자 로마에 갔었는데, 맥멀린은 르메트르가 로마에서 돌아온 11월 하순의 어느 날에 대해 이렇게 적고 있다.

"그날은 매우 생생하게 기억난다. 로마의 과학아카데미에 참석하러 갔던 르메트르가 폭발 직전의 표정으로 강의실에 들어왔다. 평소에 보여주던 온화한 모습은 찾아볼 수 없었다. 그는 빅뱅 모형이 아직 가설에 불과하며, 그보다 앞선 우주 단계가 있었을 가능성을 배제할 수 없다고 힘주어 말했다. 르메트르는 과학아카데미의 회원이었지만 교황의 연설에서는 언급되지 않았다."[1]

무엇 때문에 르메트르의 마음이 그처럼 상하게 되었을까? 교황은 이제 르메트르의 팽창우주 모형, 즉 원시원자이론이 성서 창세기의 창조 이야기를 과학적으로 입증해주었다고 생각하고 이를 공개적으로 표현하기 시작했다. 이는 르메트르를 거의 광분하게 만들었다. 이때부터 르메트르는 그 일로 인해 많은 동료 과학자들, 예를 들어 특히 호일과 보너 등이 자신의 빅뱅이론에 대한 회의적 시각을 당연시하게 되었다고 생애 마지막 순간 가슴 아파했다. 즉 물리학이 아닌 르메트르의 신앙심이 초고밀도 상태에서 우주가 시작된다는 팽창이론의 영감을 주어 빅뱅이론이 제안되었다고 의심한 학자들이 많았다.

교황 비오 12세는 제2차 세계대전이 끝날 때부터 수십 년 동안 많은 논란의 대상이 되었다. 나치의 홀로코스트가 자행될 때 교회의 유대인 정책에서 그의 역할에 대한 의문이 제기되었기 때문이다. 바티칸 정부에 오랫동안 참여해왔던 이탈리아 귀족 가문의 아들인 에우제니오 파첼리(Eugenio Pacelli, 교황 비오 12세의 이름)는 고등교육을 받았고 다양한 분야에 관심을 가졌다. 그 또한 교황이 될 때까지 바티칸 교황청에서 활약한 전통적인 가톨릭교회의 관료였다. 1939년 교황 비오 11세가 사망하고 전쟁의 기운이 무르익고 있을 때 그는 교황 사절로 독일에 가 있었다.

교황 비오 12세의 일생을 다룬 전기들은 많이 있지만 모두 객관성이 결여되었다. 그중 일부는 역사가로서의 진실성이 심하게 의심될 정도다.[2] 물론 이 책은 전쟁 기간 동안의 교황 직에 대해 논하는 자리가 아니다. 아무튼 모든 전기들이 공통적으로 싣고 있는 내용은 옳건 그르건 교회 이념의 보존을 위한 교황 비오 12세의 집중적 노력들이다. 실제로 교황이 내린 중대한 그리고 비극적인 결정들은 모두 그와 같은 노력의

1939년, 교황 비오 12세를 만난 르메트르

일환이었다.

폴 존슨(Paul Johnson)은 교황 비오 12세를 지칠 줄 모르는 열정의 소유자지만 현대생활의 모든 측면에 대해 편협한 시각을 가진 모습으로 묘사했다. 그는 가톨릭교회가 현대 세계의 모든 측면들에 관심을 가져야 한다고 생각했기 때문에 혼자서 몇 시간씩이나 과학과 기술 관련 문헌들을 읽곤 했다.[3] 예를 들어 그는 활동사진과 라디오, 텔레비전 등의 미디어에 대한 지침을 발표했는데, 가톨릭 교수들이 이러한 미디어들을 강의에 활용하기 위한 지침, 그리고 가톨릭 일반 대중들이 미디어들을 대하는 지침까지 만들었다. '생생한' 텔레비전 화면이나 목이 잘려나가는 모습까지 방송하는 전쟁기록물, 그리고 광신도들의 모습 등을 일상적으로 접할 수 있는 오늘날에 이러한 지침들을 읽으면, 미디어를 사회적 선을 위한 도구로 사용하려는 교황의 열정이 소박하기보다는 애처롭게 보인다.

상대성이론에 근거한 우주론이 빠르게 발전하고 널리 알려지자 비오 12세는 그와 같이 새롭고 흥미 있는 영역에 대해 언급하지 않고 넘어갈 수 없었다. 그는 1951년 11월에 그렇게 할 수 있는 기회를 맞았다. 르메트르는 교황청 과학아카데미의 창립 때부터 핵심적 위치에 있었지만 교황이 하게 될 발언에 대해 아무런 짐작도 하지 못하고 있었다. 비오 12세의 전임 교황이었던 비오 11세는 1936년 교황청 과학아카데미가 창립될 때 르메트르를 회원으로 임명했다. 그리고 요한 23세는 1960년 제2차 바티칸공의회가 시작될 때 르메트르를 아카데미의 의장으로 임명하였다. 아카데미는 열린 조직으로 그 회원들(연령 상한 70세)은 거의 모든 과학 영역에서 다양한 계층 출신의 학자들이 종파에 관계없이 모였다(무신론자도 포함되었다). 이렇게 구성된 과학아카데미에서는 과학의 최신 경향들에 대해 교회의 인식 폭을 넓히고 교황에게 연례보고서를 제출했다. 연구 주일이라 부르는 회의가 그 해 내내 거의 매달 개최되었다.

1951년 11월, 르메트르는 연구 주일이 끝날 때쯤 종교청문회에 참석하기 위해 로마를 방문했다. 그때까지도 교황이 우주론과 신앙의 관계를 주제로 강론을 준비 중이라는 아무런 언질이 없었다. 그렇기 때문에 교황이 과학아카데미와 여러 추기경들, 그리고 이탈리아 교육부장관 앞에서 다음과 같이 말했을 때 르메트르는 집중 포화를 맞아야만 했다.

우주 최초 물질의 특성과 상태는 어떠했을까? 이 질문에 대한 대답은 이론적 바탕에 따라 다르게 제시된다. 그러나 그 대답들 사이에는 상당한 공통점이 존재한다. 최초 물질의 밀도, 압력 그리고 온도는 엄청나게 큰 값이었음에 틀림없다는 것이다.

지혜로운 정신으로 사실들과 또 과거의 판단들을 검토해보면 전능한 힘의 창조 작업임을 인식하여 수십억 년 전에 창조주가 내린 위대한 명령의 힘을 깨닫게 된다. 엄청난 에너지로 터져나가는 우주물질들 위로 전해지는 무한한 사랑의 존재다. 사실 지난 수세기 동안의 정체기를 지나온 현대 과학은 '빛이 있으라' 는 존엄의 순간을 엿볼 수 있게 되었다. 무에서 빛과 복사의 바다로 물질이 폭발해 나가 원소들이 분리되고 수백만 개의 은하들이 만들어지는 시간이다.[4]

말할 것도 없이 교황의 이와 같은 언급은 언론의 헤드라인을 장식했다. 12월 3일자 《타임》지는 이렇게 제목을 달았다. "모든 문의 뒤에는 신이 존재한다."[5]

이와 같은 논란이 조롱의 좋은 소재가 될 수 있다고 생각한 물리학자가 있었다. 가모프였다. 그는 1년 후에 발표한 논문의 서문에서 교황의 발언을 통째로 인용하여 많은 비판을 유도했을 뿐만 아니라 교황이 우주론과 종교의 영역에 개입을 계속하도록 부추기기까지 했다.[6] 그는 이를 위해 자신이 알고 있는 대주교들을 통해 바티칸에 논문을 직접 전달해주기도 했다. 호일은 나중에 가모프에 대해 이렇게 기억했다.

"그는 사실 영어로 작성된 기사를 거의 읽지 않았다. 그럼에도 그는 '교황은 이렇게 말씀하셨다'거나 '팽창에 관한 교황의 말씀은……' 이라는 식으로 교황의 말을 계속 인용했다."[7]

르메트르로서는 화가 날 수밖에 없었다. 우주학자로서의 명성을 고려하여 전임 교황이 그를 교황청 과학아카데미 회원으로 임명했음에도, 교황이 강론할 내용을 사전에 자신과 상의하지 않았기 때문에 르메트르는 크게 당황했다. 그로부터 몇 달 뒤 르메트르는 천문학자이자 예수회 소속 수사인 대니얼 오코넬(Daniel O'Connell)과 함께 교황을 만나서, 과학과 신학을 그렇게 억지로 관련시키면 과학의 발전뿐만 아니라 교회에도 도움이 되지 않음을 설명했다. 그리고 1년이 되지 않아 간돌포 성(Castel Gandolfo, 교황의 여름 별장이 있다)에 모인 650명의 천문학자들에게 행한 강론에서 교황은 빅뱅이론의 종교적·형이상학적 의미에 대해 언급하지 않고 넘어갔다. 르메트르와 오코넬의 개입에 따른 성과로 보였다. 그러나 이미 엎질러진 물이었다. 최소한 르메트르가 보기에는 그랬다. 그가 이 시점부터(이제 그의 나이는 쉰일곱이었다) 우주론의 발전에 전력하지 않고 컴퓨터를 이용한 연산에 더 큰 관심을 가지게 된 데는 자신의 우주론 연구결과가 창조론의 증거로 거론됨에 따른 실망도 한몫을 했을 것으로 추정된다. 사실 이때부터 르메트르는 1931년에 발표한 자신의 우주론 형태를 더 이상 공식적으로 변화시키거나 발전시키지 않았다. (사망할 때까지 남긴 최소한 두 개 이상의 미발표 논문은 양자이론과 그 역할에 대해 더 많이 생각했음을 보여준다.) 르메트르는 자신의 이론을 한 단계 끌어올리기 위해서는 당시 크게 발전한 소립자 및 입자물리학과 결합시켜야 할 필요가 있다고 스스로 말했지만 이를 위해 가모프와 접촉하거나 협조할 노력은 전혀 하지 않았다. 동료인 고다르가 르메트르에게 가모프와 협조하여 빅뱅이론을 발전시키라고 권하지 못했던 이유는 아마 당시 교황의 강론에 대해 가모프가 보인 조금은 우스꽝스러운 반응 때문이었을 것이다.

르메트르와 호일은 크게 의견이 달랐지만 서로 상대방의 연구에 대해 많은 직업적 존경심을 가지고 있었다. 두 사람은 모두 물리학자이면서 뛰어난 수학자이기도 했다. 가모프는 자신의 연구업적에 흠이 될 정도로 심하게 과장되고 익살스런 언행을 할 때가 많았으며, 그 때문에 당시의 많은 다른 물리학자들처럼 르메트르도 가모프에 대한 인상을 나쁘게 가졌을 수 있다. 가모프가 교황의 강론을 두고 조롱에 가까운 반응을 보이자 르메트르는 가모프에 대한 편견을 더욱 굳히게 되었을 것이다. 더욱이 가모프의 거의 전설적으로 형편없는 수학실력(그리고 악명 높은 술버릇)과 조롱 섞인 익살들은 르메트르에게 실망스런 인상을 주었을 것이다. 가모프는 이미 1960년대의 고립 속으로 들어가는 돌아올 수 없는 다리를 건너고 있었다. 그는 1968년에 간경화로 사망하는데, 동료

학자들의 연구에 크게 기여한 그의 사상이나 재능을 고려하면 비극적인 일이었다. 르메트르는 연구를 위해 가모프와 협조할 생각을 하지 않았는데, 이것은 르메트르의 실수였다. 펜지어스와 윌슨이 배경복사를 발견하기 직전인 1964년에 피블스와 디키가 가모프의 이론을 '재발견' 하는데, 이와 관련된 수많은 혼란들은 1950년대에 르메트르와 가모프가 함께 연구하거나 최소한 이론에 대해 서로 의견을 교환했다면 발생하지 않았을 일이었다. 그리고 우주배경복사는 최소한 10년 더 일찍 발견될 수 있었을 것이다.

르메트르는 교황의 간섭으로 인해 자신의 이론이 설득력을 많이 잃게 되었다고 생각했다. 그는 이제 더 이상 이론을 발전시키려 하지 않았다. 1958년 솔베이 회의에 참석한 르메트르는 불편하고 무거운 표정이

1962년, 오동 고다르와 저녁 식사 후에 찍은 사진

었다. 고다르는 1961년 캘리포니아에서 열린 컨퍼런스에서 르메트르가 강의를 위해 강당으로 들어올 때 이미 자리에 앉아 있던 호일이 옆 사람에게 "지금 이 사람이 바로 그 빅뱅 맨이네"라는 말로 비꼬았다고 회상했다.[8] 호일은 자신이 그런 식으로 말해도 된다고 생각했을 것이다. 솔베이 회의에 참석했던 많은 학자들은 르메트르가 잘못 이름붙인 원시원자이론보다 정상우주론을 유력한 이론으로 생각했기 때문이다(그러나 단지 유력했을 뿐이다). 그리고 호일의 이론에서는 창조라는 곤란한 문제로 이의를 제기하는 사람도 없었다.

19세기 중엽 다윈의 진화론이 인류의 기원을 거론하면서 빅토리아 시대의 신앙심 깊은 사람들에게 혼란을 불러일으킨 이후, 인류의 종교와 과학 사이에는 논쟁과 갈등이 존재해왔다. 물론 그와 같은 논쟁은 갈릴레이 사건까지 거슬러 올라갈 수도 있다(언론에서는 주로 그렇게 본다). 교황 우르바노 8세와 갈릴레이 사이의 비극적인 오해는 브레히트와 같은 극작가들이 즐겨 활용하는 소재가 되었다. 하지만 그것은 신뢰를 쌓아가는 자연과학 영역과 점점 더 신경질적으로 변해가는 종교 영역 사이의 어쩔 수 없는 갈등이라기보다는 충분히 피할 수 있는 이기심들 사이의 충돌이 빚어낸 결과였다. 예를 들어 예수회에서는 갈릴레이가 자신의 망원경 관찰 연구를 발표하기 시작했을 때 이미 코페르니쿠스 천문학을 가르치고 있었다. 그래서 그들은 바티칸이 그 폴란드인 사제의 고전적 책인 《천체의 회전에 관하여De Revolutionibus Orboeum Caelestium》를 억압하자 오히려 불편해졌다. 사실 갈릴레이는 지구가 태양 주위를 공전하는 것을 실제로 증명할 능력이 없었을 뿐만 아니라 행성이 타원궤도 운동을 한다는 역사적 발견을 한 케플러가 자신에게 보낸 편지를 순전히 개인적인 이유로 무시했다. 그렇지 않았더라면 케플러가 수학적으로 계산한 행성운동 시스템이 갈릴레이 자신의 천문학적 관찰과 일치한다는 사실을 제시하여 스스로를 변론할 수 있었을 것이다. 나중에 뉴턴은 자신의 만유인력법칙으로부터 케플러의 세 가지 운동법칙을 도출했다. 결과적으로 갈릴레이는 남은 일생 동안 아무것도 하지 않고 무기력하게 보내야 했다.

19세기 말과 20세기 초부터 시작된 물리학과 고고학, 화석학 등의 계속적인 발전으로 이룩된 과학적 발견들은 많은 과학자들과 철학자들을 흥분시켰으며, 종교가 우리를 자연세계에 대해 무지하도록 만들 뿐 아니라 미신적 사고를 퍼트린다고 생각하는 학자들이 많아졌다. 그리고 성서가 그 주범으로 간주될 때가 많았다. 그러나 이것은 지나치게 단순하게 보는 것이다. 물론 허블, 하이젠베르크, 그리고 러셀 등은 그 이전 세기의 학자들보다는 종교에 대해 훨씬 회의적인 태도를 가진 전형적인 학자들이었음에 분명하다. 그러나 다윈을 제외하면 아인슈타인에 이르기까지 과학에서의 위대한 업적들을 이룩한 학자들은 종교적 인물들이었다(성직자들이거나 신앙심이 깊은 사람이었음을 뜻한다). 제임스 맥스웰, 그레고어 멘델, 막스 플랑크 등이 모두 그런 인물이었다.

아인슈타인이 종교 활동에 보인 무관심은 유명하다. 그러나 아인슈타인은 자신의 연구에 대해 말할 때 항상 형이상학적으로 '그분'을 언급했다. 그는 신을 그렇게 불렀다. 동시에 아인슈타인은 놀랄 만큼 강렬한 종교적 심성을 지니고 있었는데, 1929년 《새터데이 이브닝 포스트 *Saturday Evening Post*》지에서 조지 비렉(George Sylvester Viereck)에게 이렇게 말했다.

"저는 어릴 적에 성서뿐만 아니라 탈무드에 대해서도 교육받았습니다. 그래서 저는 유대인이지만 그리스도교의 영향을 많이 받았습니다. ……누구나 복음서를 읽으면 예수가 실제로 존재함을 느낄 것입니다. 단어 하나하나가 그의 실재를 알려줍니다. 그와 같은 삶은 신화가 아닙니다."[9]

아인슈타인은 상대성이론 자체도 마음속 깊은 곳의 믿음에서 출발했다고 말하곤 했다. 우주가 기본적으로 간단하고 보편적인 원칙에 따라 움직인다는 것이 아인슈타인이 절대적으로 믿었던 신조다. 전자기역학의 맥스웰방정식과 뉴턴의 역학체계 사이에 근본적인 통일을 찾고자 하는 데서 아인슈타인 상대성이론의 전체적 체계가 그려졌다고 할 수 있다. 1905년 청년 아인슈타인은 수학적·이론적 발전 과정이 다르다고 해서 그 두 체계가 분리되는 것을 받아들일 수 없었다. 그래서 그는 두 체계 사이에서 일치하지 않는 부분을 발견하여 제거하는 연구를 시작했다. 그리고 그것은 뉴턴이 주장한 절대 공간과 시간인 것으로 드러났다.

어쨌든 르메트르가 우주의 팽창 모형을 주장하며 등장하자 언론에서는 과학과 종교 사이의 대립을 다루기 시작했다. 1933년 르메트르가 캘리포니아로 돌아왔을 때 했던 인터뷰 내용이 이와 관련하여 르메트르의 관점을 짐작해 보는 데 도움이 된다. 사제이자 물리학자로서 자신의 신앙과 과학을 어떻게 조화시키는지 묻는 전형적인 질문에 그는 이렇게 대답했다.

성서의 저자들은—저자에 따라 정도의 차이는 있지만—주로 구원의 문제에 집중했다. 다른 문제들에 대해서는 동시대의 다른 사람들처럼 현명하거나 무지했다. 그러므로 성서에 씌어 있는 역사적 혹은 과학적 사실에서 오류가 발견되는 것은 전혀 중요하지 않다. 성서 저자가 직접 관찰하지 못한 사실과 관련된 오류일 경우는 특히 그렇다.

영생 및 구원의 원칙에서 그들이 옳았기 때문에 다른 모든 주제들에 대해서도 그들의 기록이 옳아야만 한다는 것은 성서가 우리에게 무엇인지를 전혀 이해하지 못하는 사람들의 잘못된 생각에 지나지 않는다.[10]

르메트르의 대답은 질문 자체를 허용하지 않으려 했다. '이것이 왜 문제가 되어야 하는가?' 하지만 문제가 되었다.

진화론과 마찬가지로 르메트르가 자신의 팽창우주 모형과 $t=0$이라는 우주의 시작을 제안하자마자 우주론에서 과학과 신앙이라는 문제가 전면에 대두되었다. 우주의 진화에서 시간의 시작이 존재한다면 많은 과학자들에게는 그것이 창조의 행위를 의미하는 것으로 보였을 것이다. 그러나 르메트르의 관점에서는 그러한 의미가 아니었다. 르메트르는 용어에 대한 오해에서 그와 같은 주장이 나온다고 생각했다—많은 과학자들이 흔히 그렇게 오해하며 신학자들은 오히려 오해하는 경우가 적다. 신학자와 철학자들이 말하는 창조가 과학자들이 말하는 '기원'과 같은 의미라는 것이 그와 같은 주장의 기본적 가정이다. 그러나 르메트르는 자신의 과학논문에 '창조' 뿐만 아니라 그와 비슷한 용어조차 공식적으로 사용한 적이 없다. 이와 같은 용어는 그 특성상 과학적으로 증명할 수 없는 종류다. 시간과 공간 그리고 물질까지 포함하는 모든 것에 앞서서 정의되는 행동 혹은 과정(더 적합한 용어를 찾을 수 없어 이렇게 표현한다)을 실험하거나 이론적으로 정량화할 방법이 있을까? 르메트르는 이와 같은 실수를 범하지 않았다. 하지만 교황 비오 12세는 그렇게 했으며, 호일도 그렇게 했다.

호일은 당시 일부 과학자들 사이에 유행하던 것처럼 형이상학적인 모든 것에 대해 의심하던 대표적인 사람이었다(그리고 가톨릭 반대자였다). 그는 이렇게 말하기도 했다. "가톨릭 신자들과 공산주의자들은 교리를 바탕으로 주장을 편다. 이러한 사람들이 '옳다'고 판단하는 주장은 자신들이 '옳다'고 생각했기 때문에 그렇게 판단했으며 사실에 근거하여 그렇게 판단한 것이 아니다. 그들은 사실이 교리에 어긋날 경우에는 사실을 왜곡시킨다."[11] 호일은 종교뿐만 아니라 성직자에 대해서도 매우 큰 반감을 가지고 있었다. 하지만 르메트르만은 예외여서 두 사람은 좋은 관계를 유지했다. 그는 자신의 대중적 과학서적인 《우주의 열가지 얼굴Ten Faces of the Universe》에서 북아일랜드의 문제들은 신교와 구교 모두의 성직자들을 감옥에 보내면 해결된다고 주장한 적도 있다.[12]

호일은 빅뱅이론이 형이상학적 성격을 가지고 있다며 지지하지 않았지만, 그 역시 '창조'라는 용어를 사용한다는 소련 물리학자들의 지적을 받고는 매우 놀랐다. 실제로 그는 정상우주론에서 별 사이 공간에서 자유 수소가 만들어져야 한다는 것을 설명하기 위해 '창조'라는 용어를 사용했던 것이다. "처음 소련을 방문했을 때 러시아인 과학자들로부터 다른 용어를 사용했더라면 더 설득력이 있었을 것이라는 말을 듣고 충격을 받았다. '기원'이나 '물질 형성' 등의 단어가 더 적절했으며, 소련에서는 창조라는 말을 사용할 수 없었다."[13] 그러나 러시아인 과학자들의 지적은 정확했다. 그 용어들은 서로 구별되고 차이가 있다. 그렇게 구별하여 사용하지 않게 되자 과학자들과 신학자들(그리고 일반 독자 대중들) 사이에 혼란과 오해가 야기됐으며, 그 혼란은 지금도 계속 이어지고 있다.

그리스도교 신학은 세계의 존재를 무로부터 '창조하는' 행위의 결과로 본다는 점에서 독특하다. 반면 과학자들은 언제나 어떤 정량화 가능한 물질이 있어 그로부터 시스템이 진화하고 또 그 물질은 실험으로 증명할 수 있다고 전제한다. 그러나 이것은 초기 조건의 존재 이유가 아니라 단지 초기 조건의 상태에만 적용된다. 무엇보다 호일의 정상우주 이론은—르메트르의 이론과 마찬가지로—무에서 나와야 하는데, 이 경우는 빈 공간에서 수소 원자가 계속해서 창조된다. 호일과 본디, 그리고 골드의 이론이 비교적 강하지 않고 형이상학적 느낌을 주었던 것은 이미 존재하는 우주 공간에서 수소 원자의 창조가 일어나야 하기 때문이다. 그러나 르메트르의 우주 모형에서 시간의 시작은 외부로부터의 신적인 행위의 개입이라는 결론이 전혀 필요 없다. 교황의 발언에 르메트르가 불같이 화를 낸 이유가 여기에 있었다. 그가 말하는 원시핵은 영원한 우주에서 새로운 진화 시기의 시작으로 쉽게 생각할 수 있었다. 빅뱅이 일어나기 전에 팽창과 붕괴를 반복하는 우주다(예를 들어 이것은 가모프가 우주론에 대해 호일과 논쟁할 때 생각했던 모형이다). 여기서는 무로부터의 절대적 창조를 의미할 필요가 없다. 하지만 많은 과학자들은 빅뱅이론이 창조의 순간을 의미할 수 있다는 이유로 공공연히 반대했다.

영국의 물리학자인 보너는 자신의 책 《팽창우주의 신비*The Mystery of*

the Expanding)에서 그와 같은 주장을 폈다.[14] '빅뱅'이라는 용어를 유명하게 만든 호일 역시 실은 빅뱅의 개념을 비웃기 위해 이 용어를 공공연히 사용했다. 르메트르와 함께 연구했던 로버트슨조차 초고밀도 핵의 상태에서 모든 것이 진화했다는 의미를 좋아하지 않았다. 이것은 종교적 성향과 관계없었다. 독실한 퀘이커교도인 에딩턴은 제1차 세계대전 중에 평화주의자로 투옥될 위험에 처하기까지 한 사람이었는데, 르메트르를 제외하면 상대성이론과 우주론의 전문가들 중 가장 종교적이었다. 그러나 그 역시 우주의 시간적 시작이라는 개념에 대해 거부감을 숨김없이 표현했다.

그러나 창조의 문제와 관련됨으로써 상대론적 우주론이 가지는 힘이 감소된 것은 아니었다. 허블도 르메트르의 우주 모형이 설득력 있다고 생각했다. 다른 한편, 예를 들어 1940년대 에드워드 밀른(Edward Arthur Milne)의 운동학적 상대성이론에 근거한 모형처럼 좀 더 그리스도교적인 우주론은 과학자들에게 거의 영향을 주지 못했다. 수학적 기반이 약했기 때문이었다. 그리고 1950년대에 맥크리어처럼 뛰어난 물리학자도 정상우주론을 지지했다. 그는 호일, 본디 그리고 골드의 이론이 갖는 약점에도 불구하고 노골적으로 그리스도교적 신념을 드러내면서 그렇게 했다.

사실 이 문제는 간단한 것이 아니다. 르메트르에게 종교와 과학은 모두 진리를 향해 가지만 서로에게 개입해서는 안 되는 완전히 상반된 두 길이었다. 1961년 캘리포니아 컨퍼런스에서 호일의 조롱에 르메트르가 어떤 느낌을 받았는지 알 수 없지만, 그는 빅뱅을 믿는 사람들에게 그 이론은 종교적 영감을 받았다고 말했다.

내가 아는 한 그와 같은 이론은 형이상학적 혹은 종교적 문제와는 완전히 별개다. 유물론자들은 모든 직관적 존재를 부정해도 된다. 시공간의 출발점을 다룰 때도 특이점이 아닌 시공간에서 일어나는 사건들을 대할 때와 같은 마음자세로 임해도 된다. 그리스도인들에게는 기존의 신에 대한 개념이 무용지물이 되어버릴지 모른다. 이사야가 말하는 '숨겨진 신'을 일컫는 말일 수 있다. 창조의 시작부터 숨겨진 신……. 과학은 우주의 진실을 포기해서는 안 된다. 파스칼이 자연의 무한성을 근거로 신의 존재를 증명하려고 시도했을 때 그는 방향을 잘못 잡은 것이라 할 수 있다.[15]

르메트르가 패서디나에서 인터뷰한 이후 70여 년 동안 종교와 과학의 문제를 다룬 신문 기사들을 보면 이러한 오해가 거의 해소되지 않았음을 알 수 있다.

르메트르는 다윈의 이론을 받아들였지만 현재 일부 정치적 영역에서 지지를 받고 있는 소위 진화의 지적 설계 이론에 관심을 가졌다고 보기는 어렵다. 그는 성서의 창세기를 글자 그대로 해석하려는 어떠한 시도에도 동의하지 않았다. 뉴에이지 사상의 광풍이 불어오자 인문학 분야에서 상대론이 대두되고 과학과 기술의 부정적 영향이라 생각되는 부분에 대한 멸시가 유행했다. 그러나 르메트르는 이들 중 어느 쪽에도 동감하지 않았다.

르메트르는 자신이 마치 학생인 것처럼 1960년대 초기에 루뱅대학 캠퍼스에서 여러 활동들을 벌이기도 했다. 한 번은 벨기에 의회에서 다수 의석을 차지한 플라망 출신들이 언어에 관한 몇 가지 법률을 통과시켰는데, 그 법률은 북부 지방의 학교에서는 네덜란드어만 사용하고 남부 지방의 학교에서는 프랑스어만을 사용하도록 강제하는 내용이었다. 그러자 루뱅대학의 플라망 출신 교수들이 대학 내에서 네덜란드어만을 사용하도록 하자는 운동을 벌였다. 르메트르는 이에 공식적으로 반대를 표시했다. 그는 프랑스어를 사용하는 교수들의 지도자로 선출되어 활동을 벌였는데, 프랑스어·플라망어 사용 학생들은 그의 아파트 창문에 돌을 던져서 불만을 표시했다. 이와 같은 갈등을 겪기도 했지만 르메트르는 물리학과 학생들 사이에서 인기 많은 교수였다. 그의 정신은 강의실에서 제자들 사이를 파고들었지만 때로는 그가 가르치는 주제만큼이나 새로운 모습으로 제자들에게 다가가기도 했다. 강의실 밖에서 맥주와 스낵을 먹으면서 제자들과 좀 더 자연스런 분위기에서 토의를 하는 그의 모습을 자주 볼 수 있었다.

그는 삶의 마지막까지 컴퓨터에 열정을 쏟았다. 1950년대에 대학 캠퍼스에서 컴퓨터를 과학적으로 사용하기 시작했을 때 르메트르는 루뱅대학 교구에서 기금을 빌려 대학에 첫번째 전자 컴퓨터를 구입해주었다. 1957년에 만들어진 'Burroughs E101'이라는 이름의 컴퓨터는 기역자 모양의 커다란 책상 형태로, 타자기처럼 생긴 키보드가 올려져 있었다. 그 후 생애 말년인 몇 년 동안 르메트르는 컴퓨터를 IBM 1620과 Elliot 801로 업그레이드했다. 이러한 기계를 이용하여 르메트르는 어셈블리어를 스스로 익히고 천체역학에서의 여러 가지 계산문제를 풀었다. 그리고 그 지식을 제자들에게 전수해주었다.

이후 르메트르는 미국을 두 차례 더 방문했는데, 첫번째는 1961년의 일로 UC 버클리대학에서 열린 제11차 국제천문학자연맹 총회에 참석하여 우주론에 관한 세미나의 좌장을 맡았다. 1962년에 버클리를 다시 한 번 방문하는데 여기서 그의 마지막 논문이 만들어졌다. 하지만 그 논문의 주제는 우주론이 아니라 천체역학이었다(태양에 의해 발생하는 궤도의 섭동을 고려하여 지구 주위를 공전하는 달의 운동 해를 구하는 방법에 대한 논문이었다). 르메트르는 이 문제를 풀기 위해 자신이 좋아하던 컴퓨터를 활용할 수 있었다.

르메트르는 생의 마지막까지 교회활동도 소홀히 하지 않았다. 1960년에는 교황청 과학아카데미 의장이 되었다. 교황 요한 23세가 사망한 직후, 제2차 바티칸공의회의 중간에 산아제한 문제를 다루는 교황청 위원회 위원으로 임명되자 매우 곤란한 입장에 처하기도 했다.

1964년 12월 말, 르메트르는 로마를 방문하던 중 경미한 심장발작이 발생하여 루뱅으로 돌아왔다. 이때 잠시 동안 병원에 입원하여 엄격한 식이요법으로 치료받았다. 강의를 할 정도로 회복이 되자 그는 곧 고다르를 비롯한 동료들에게 자신이 해오던 컴퓨터 연산처리를 계속해서 그 결과를 자신이 검토해볼 수 있도록 아파트로 가져와 달라고 부탁했다. 그해의 마지막에 르메트르는 그 전과 같은 정열적인 모습을 보이지 않았음이 분명하다. 이듬해 봄 그는 백혈병 진단을 받았는데 생명을 구하기에는 이미 늦었다.

그로부터 1년 전 펜지어스와 윌슨이 우주폭발의 흔적을 발견했다. 이는 르메트르가 자신의 원시원자이론에서 분명히 존재한다고 믿어왔던 것이었다. 하지만 이런 소식을 접하던 1966년 7월 르메트르는 루뱅의 성베드로병원에 입원해 있었다. 르메트르는 빅뱅의 흔적으로 우주선이 존재할 것이라고 예상했다. 사실 가모프의 연구진과 피블스의 연구진이 복사 중심의 뜨거운 빅뱅이 되어야 한다고 주장했을 때, 그는 우주 진화의 출발점이 되는 초고밀도 상태가 어떤 차가운 우주 핵일 것으로 믿었다. 그러나 이제는 거의 모든 과학자들이 우주가 시간적인 시초에 서부터 진화해 왔다는 데 아무런 의심을 가지지 않는다. 그리고 르메트르는 그러한 시초의 상태가 우주의 먼 곳에 자신의 흔적을 남겼을 것이라고 주장한 최초의 학자였다.

르메트르는 그로부터 며칠 뒤인 7월 20일 월요일에 사망하였다. 가모프는 평소에 자신의 연구에 대해 우스꽝스럽게 말하곤 하던 사람이었다. 그러나 그도 생애 마지막 몇 년 동안은 자신의 연구 팀이 우주 마이크로파 배경복사의 온도를 정확하게 예측했지만 아무런 인정도 받지 못했음을 비통한 어조로 표현하곤 했다. 디키와 피블스가 그들의 논문을 수정하여 가모프의 업적을 인정한 것이나 앨퍼와 허먼이 자신들의 논문보다 ABG 논문이 앞선 것이라는 사실을 알게 된 것은 가모프에게 별 의미가 없는 일이었다. 가모프는 르메트르보다 2년 늦은 1968년에 예순넷의 나이로 사망하는데 보드카를 너무 좋아한 결과였다. 그즈음 가모프는 의미 있는 논문을 작성하거나 우주론 혹은 물리학에 대한 연구에서 손을 뗀 지 이미 오래였다. 그러나 그는 과학의 대중화에 뛰어난 업적을 남긴 학자로 현재까지 여러 과학 서적에 그 이름이 등장한다.

노벨상은 이미 사망한 사람에게는 수여되지 않는다. 1978년 펜지어스와 윌슨은 노벨상을 수상하는데, 사실 그들은 그 발견을 할 당시에 아무런 생각이 없었다. 디키와 피블스의 업적은 인정받지 못했다. 앨퍼와 허먼 그리고 가모프의 연구 동료들의 업적도 마찬가지였다. 과학적 발견의 공로자와 관련해서 호일은 다음과 같이 말했다.

마이크로파 배경복사는 1941년에 발견되었다. 빅토리아 아일랜드의 도미니언 천문대에서 앤드루 맥켈러가 3°K라는 흥미로운 온도를 발견했다. ……사실대로 말하면, 1965년의 발견처럼 명백하게 배경복사를 발견한 것이었다. 그러나 세계는 아직 그것을 인정할 정도의 지적 수준에 있지 못했다. 이것은 과학적 업적의 중요성에 대한 평가에 사회적 요인이 중요하다는 점을 보여주는 사례라 할 수 있다. 세계가 이미 그 발견의 언저리에 도달해 있을 때에야 과학적 발견을 이룩한 학자에 대한 인정과 대대적 칭송이 가능하다. 반대로 너무 일찍 과학적 발견을 한 사람에 대해서는 과학의 역사에서 언급이 거의 없게 된다.[16]

르메트르가 사망한 지 1년 만에 아일랜드 출신 대학원생인 조슬린 벨(Jocelyn Bell)이 케임브리지대학에서 게성운의 중심부에서 매초 36회 회전하는 중성자별을 최초로 발견했다. 오펜하이머가 1939년에 처음 이론적으로 예견했던 초고밀도의 천체가 이제 현실로 확인되었다. 휠러가 '블랙홀'이라고 이름 지은 천체의 붕괴는 갑자기 더 이상 비현실적인 세계에 속하지 않게 되었다. 이와 같이 궁극적인 붕괴가 발생한 별, 즉 오펜하이머와 스나이더가 일반상대성이론의 중력장방정식을 르메트르의 '먼지 해'를 이용하여 도출해낸 모형을 찾기 위한 열성적인 노력이 시작되었다. 학자들 중 유일하게 르메트르가 아인슈타인 방정식들에서 필수적이고 기본적인 요소로 생각했던 우주상수는 오랫동안 잊혀진 상태였다. 그러나 1990년대 말에 이르러 우주의 팽창이 점점 빨라짐을 나타내는 새로운 발견들을 바탕으로 우주상수는 다시 등장하고 있으며, 이것은 르메트르가 이미 생각했던 우주 모형이다.

르메트르는 일반상대성이론이 예측했던 우주의 진정한 역동적 특성에 대해 앞으로 관찰될 증거를 다른 어느 누구보다도 먼저 정확하게 생각했으며, 오늘날의 발전들은 이 자그마한 벨기에인 사제가 얼마나 뛰어난 선구자였는지 보여준다. 르메트르가 1927년에 이미 시작했던 우주론 연구는 과학의 역사에서 한 획을 그었을 뿐만 아니라 오늘날까지 계속되고 있다.

후주(後註)

1. 르메트르, 솔베이에서 아인슈타인을 만나다

1. Abraham Pais, *Subtle Is the Lord*(Oxford: Oxford University Press, 1982), 240.
2. 예를 들면, ibid., 444-49; Ronald Clark, *Einstein: The Life and Times*(Avon Discus, 1971), 749-43; Banesh Hoffmann and Helen Dukas, *Albert Einstein: Creator and Rebel*(New American Library, 1972), 186-99 참조.
3. Pais, *Subtle Is the Lord*, 444.
4. 예를 들면, George Smoot and Keay Davidson, *Winkles in Time*(New York: William Morrow, 1993), 54; Odon Godart, "Contributions of Lemaître to General Relativity," 442, and Jean Eisenstaedt, "Lemaître and the Schwarzschild Solution," 361, in *Studies in the History of General Relativity*, ed. J. Eisenstaedt, A. J. Kox(Boston: Birkhäuser, 1992) 참조.
5. Dominique Lambert, *Un Atome d'Univers*(Brussels: Racine, 2000), 105.

2. 신부가 된 빅뱅이론의 아버지

1. Godart, "Contributions of Lemaître," 437-53을 참조.
2. 아인슈타인은 전쟁이 발발하기 전에 징집을 피했으며 의무복무 연령에 해당되지도 않았다(1914년에 서른다섯 살이었다). 스위스 시민권자였기 때문에 독일군에 복무할 의무도 없었다. 또 그는 한 명의 지성인으로 군부의 득세에 동조할 생각이 없었다. 어떤 전기작가에 따르면, 아인슈타인은 입대하지 않아도 되었지만 스위

스 군대에서 평발이라는 이유로 입대 대상자에서 탈락시키자 이를 창피하게 생각했다고 한다. 아인슈타인의 일반상대성이론 연구에 있어 1915년은 매우 중요한 한 해였다. 그리고 그 일반상대성이론은 현대 우주학의 탄생에 매우 큰 기여를 했다. 만약 아인슈타인이 군입대로 인해 자신의 연구를 완성하지 못했다면 20세기에 이룩된 과학발전은 상상할 수도 없었을 것이다.

3. Albrecht Fölsing, *Albert Einstein*(New York: Penguin Books, 1997), 28.

4. Friedrich Gontard, *The Chair of Peter: A History of the Papacy*. Trans. A. J. and E. F. Peeler(New York: Holt, Rinehart and Winston, 1964), 518-19.

5. Helge Kragh, *Quantum Generations*(Princeton, NJ: Princeton University Press, 1999), 3-12.

6. Alfred North Whitehead, *Science and the Modern World*(New York: Macmillan, 1925). Kragh, *Quantum Generations*에서 인용.

7. Lambert, *Un Atome d'Univers*, 25.

8. 르메트르의 배경과 그의 특수성에 대한 무지와 몰이해로 말미암아 현재에도 대중들은 그의 업적을 고리타분한 색안경을 통해 바라보는 경향이 있다. 댄 브라운 (Dan Brown)의 《천사와 악마*Angels and Demons*》에 이와 같은 생각이 가장 극적으로 표현되어 있다. 그 책에서는 르메트르가 1927년에 과학과 신앙을 구체적으로 통일할 계획에서 '빅뱅' 이론을 제시하는 '수도사'로 그려진다. 브라운은 르메트르가 빅뱅을 그러한 목적에서 설계한 것으로 잘못 가정했으며, 그가 빅뱅에 대한 자신의 버전을 제시한 날짜도 틀렸다(1931년이다). 그리고 1929년에 발표한 외부은하들의 적색편이에 대한 허블의 유명한 보고서에서 르메트르의 이러한 이론이 입증된 것으로 심하게 왜곡했다. 사실, 생애 마지막 순간까지 조심스럽기로 유명했던 허블은 이와 비슷한 어떤 주장도 하지 않았다. 1929년까지는 빅뱅으로 알려진 이론이 없었다. 뿐만 아니라 허블이 자신의 논문에서 주장한 내용은, 자신과 밀턴 휴메이슨이 관측한 적색편이가 우주의 비정적(非靜的)인 상대론적 모형 (즉 팽창우주 모형)을 뒷받침해주는 것이며, 측정된 은하들까지의 거리와 그들의 겉보기속도 사이에는 직선적 비례 관계가 있다는 것이 전부였다.

9. Lambert, *Un Atome d'Univers*, 35.

10. Deprit, *The Big Bang and Georges Lemaître*(Boston: D. Reidel, 1984), 366.

11. Lambert, 39.

12. 앙드레 드프리는 회고집인 *Monsignor Georges Lemaître*에서 르메트르를 다르

게 그렸다. "그는 강의시간에 강사가 문제를 잘못 풀자 흥분하여 대들었다. 르메트르와 그의 동생은 그날로 강의실에서 쫓겨났으며, 지휘관은 르메트르가 장교 후보로서의 품성을 갖추지 못했다는 내용의 보고서를 제출했다. 그 사건 후 몇 년이 지날 때까지도 르메트르는 자신을 그렇게 평가한 데 대해 분노를 삭이지 못하고 있었다." Deprit, *The big Bang and Georges Lemaître*, 363-92.

13. Albert Einstein, "Cosmological Considerations on the General Theory of Relativity"(Sitzungsberichte der Prussichen Akademy de Wissenschaft, 1917) 142-52. As translated in Jeremy Bernstein and Gerald Feinberg, *Cosmological Constants: Papers in Modern Cosmology*(New York: Columbia University Press, 1986), 26.

3. 진화하는 우주: 우주관의 역사

1. 예를 들면, Stanley L. Jaki, *Science and Creation*(Edinburgh: Scottish Academic Press, 1986) 참조.

2. Brahmavaivarta Purana. 예를 들면, H. Zimmer, *Myths and Symbols in Indian Art and Civilization*(New York: Pantheon Books, 1946), 3-11 참조.

3. Stanley L. Jaki, *Is There a Universe?* The expanded text of three lectures delivered at the University of Liverpool in November 1992. (Liverpool University Press, 1992; New York: Wethersfield Institute).

4. 우주론의 대가를 만나다

1. 도미니크 랑베르에 따르면 에딩턴은 강의를 별로 잘하지 못했다고 한다. 이것은 그가 우주론 연구에 보인 열정과 비교할 때 이상하게 보인다.

2. 사실, 아인슈타인의 전기를 쓴 사람들이나 일부 과학역사가들에 따르면 그 당시 논문이 그만큼 극적인 파장을 가져온 것은 아니었다. 일식 기간 내내 프린시페 섬의 기상상태는 좋지 않았으며, 에딩턴이 촬영할 수 있었던 사진판 세 개 중의 하나는 별빛이 크게 굴절될 것이라는 예측과 일치하지 않았다. 그 후 40년 동안 일반상대성이론에 대한 정밀한 검증이 시행되지 않은 채 수학적 치밀성이나 단순한 원리에 힘입어 받아들여지고 있었다. 1950년대 말과 1960년대 초 전파와 레이저 도구들의 개발과 더불어 이론을 좀 더 정밀하고 결정적으로 증명할 새로운 방법들이 도입되었다.

3. Lambert, *Un Atome d'Univers*, Brussels: Racine, 2000 참조. 69쪽을 보면 르

메트르가 결혼하지 않았고 종교인이었기 때문에 에딩턴이 더 친밀감을 느꼈을 것으로 생각했다.

4. 드 시터는 적색편이 현상이 자신의 우주모형을 입증해준다고 최초로 주장한 학자로 생각되고 있다. 그러나 중요한 것은 드 시터가 적색편이 현상을 우주 공간의 팽창과 연결시키지 않았다는 사실이다. 그는 자신의 우주모형에서 천체들이 서로 멀어짐으로 나타나는 도플러 효과로만 보았을 뿐이다.

5. Lambert, *Un Atome d'Univers*, Brussels: Racine, 2000, 70.

6. J. D. North, *The Measure of the Universe: A History of Modern Cosmology* (New York: Dover 1990), 143.

7. Helge Kragh, *Cosmology and Controversy: The Historical Development of Two Theories of the Universe*(Princeton, NJ: Prineton University Press, 1996), 25-27.

8. Gale E. Christianson, *Edwin Hubble: Mariner of the Nebulae*(New York: Farrar, Straus, and Giroux, 1995). 크리스티안슨에 따르면 허블이 집을 비울 때는(예를 들어 제2차 세계대전 중에) 그 기간이 며칠이든 상관없이 아내 그레이스는 일지를 공란으로 비워두었다고 한다. 크리스티안슨의 허블 전기를 보면 칭찬일색인 것은 아니다. 실제로 허블 부부는 윌슨산 천문대의 비용으로 몇 주 휴가를 가기도 했다. 허블 부부는 뛰어난 천문학적 업적을 쌓았지만 때로는 출세지향의 속물들처럼 행동하고, 할리우드 유흥가에서 많은 시간을 보낸 적도 있었다.

9. 예를 들면, Kragh, *Cosmology and Controversy*, 20-21, 408, 각주 101 참조.

5. 팽창이 발견되다

1. David Bodanis, $E=mc^2$(New York: Walker & Company, 2000), 215.

2. 예를 들어, 알브레히트 폴싱(Albrecht Fölsing)이 쓴 아인슈타인 전기를 보면 에딩턴은 아인슈타인의 방정식을 이해하는 '다른 사람'은 아마 없을 것이라며 농담을 던지곤 했다.

3. Georges Lemaître, "A Homogeneous Universe of Constant Mass and Increasing Radius Accounting for the Radial Velocity of Extragalactic Nebulae," *Annales de Société Scientifique de Bruxelles* 47(1927): 49-56.

4. John E. Mather and John Boslough, *The Very First Light*(New York: Basic Books, 1996), 41.

5. Georges Lemaître, "Note on de Sitter's Universe," *Journal of Mathematical Physics* 4(1925): 188–92.

6. Willem De Sitter, "On Einstein's theory of gravitation and is astronomical consequences," *Monthly Notices of the Royal Astronomical Society* 78 (1917): 3–28.

7. 톨먼은 르메트르의 1927년 연구를 알지 못한 상태에서 1929년에 은하들의 멀어짐과 드 시터 효과의 관련성에 관한 논문을 썼다. 르메트르가 1925년에 발표한 〈드 시터의 우주에 관하여〉라는 논문과 여러 면에서 비슷했다.

8. 논문 〈드 시터의 우주에 관하여〉 서문에서

9. Edwin Hubble, "A Relation Between Distance and Radial Velocity Among Extra-Galactic Nebulae," *Proceeding of the National Academy of Science* 15(1929): 168–73.

10. George McVittie, Obituary Notice, "Georges Lemaître," *Quarterly Journal of the Royal Astronomical Society* 8(1967): 294–97.

6. 원시원자

1. Georges Lemaître, "Chronique: Recontres avec A. Einstein," *Revue des Questions Scientifique* 129 (1958): 129–32.

2. Albert Einstein, *The Meaning of Relativity*(Princeton, NJ: Princeton University Press, 1945), 126. Kragh, *Cosmology and Controversy*, 55.

3. 이에 관해 흔히들 잘못 이해하는데 그 대표적 예로 댄 브라운의 《천사와 악마》가 있다. 그 책에서 저자는 르메트르의 과학적 연구를 잘못 이해했을 뿐만 아니라 르메트르를 수도사로 묘사하고 허블이 빅뱅을 입증했다고 기술하고 있다.

4. P. A. M. Dirac, "The Scientific Work of Georges Lemaître," *Pontificiae Academy Scientarum Commentarii*, vol. II, no. 11(1968): 1–20.

5. A. S. Eddington, "The End of the World: From the Standpoint of Mathematical Physics," *Nature* 127(1931): 447–53.

6. Georges Lemaître, "The Beginning of the World from the point of view of quantum theory," *Nature* 127(1931): 706.

7. Robert H. Dicke, *Gravitation and the Universe*(Philadelphia: American Philosophical Society, 1970).

8. 허블의 법칙은 허블이 발표하기 2년 전에 르메트르가 이미 사용했다. 그리고 우주

팽창의 속도를 허블이 계산한 속도와 거의 비슷하게 추정하여 그 주장을 뒷받침해주었다.

9. "Salvation Without Belief in Jonah's Whale," *Literary Digest* 115(March 11, 1933): 23.

10. Kragh, *Cosmology and Controversy*, 55, and corresponding note on 408.

11. '암흑 에너지'에 관해서는 현재까지도 많은 논의가 진행되고 있다. 암흑 에너지가 우주상수를 반영해주는 것으로 보아야 할지 아니면 커시너가 주장하는 것과 같이 다른 어떤 힘으로 생각해야 할지는 아직 정립되지 않았다. 우주상수로 볼 때의 한 가지 문제점은 현재의 팽창속도와 일치시키기 위해서는 믿을 수 없을 정도의 큰 수로 설정해야 하는 것이다. 그러나 르메트르는 처음부터 다른 어떤 힘이 존재하여 우주를 빠르게 팽창시키고 있다고 생각한 것이 중요하다.

7. 우주 초단파 배경복사

1. 괴델은 회전하는 공모양 우주의 가능성을 생각했다—이것은 과거로의 시간여행이 가능한 모형이다. 르메트르는 1938년 우주학 초빙교수로 한 학기를 지내는 동안 노트르담에서 열린 학술대회에서 그를 만날 기회를 아깝게 놓치고 말았다. 괴델이 많이 아파서 참석하지 못했기 때문이다.

2. George Gamow, *My World Line*(New York: Viking Press, 1970), 45.

3. Fred Hoyle, "Final Remarks," in Guido Chincarini, et al., eds., *Observational Cosmology*(San Francisco: Astronomical Society of the Pacific, 1993), 695.

4. Ralph Alpher and Robert Herman, *Genesis of the Big Bang*(Oxford: Oxford University Press, 2001), 70.

5. 가모프가 그 역사적 논문에 한스 베테의 이름을 실으면서 앨퍼, 베테, 그리고 가모프로 적은 것은 과학계에서는 전설처럼 전해진다. 그리스 문자의 처음 세 글자 알파, 베타, 감마가 되기 때문이었다. 이와 같은 유머감각은 가모프의 한 특성이었다. 베테는 그 논문을 제출할 때 검토를 담당했는데 논문에 열정적으로 매달렸으면서도 그 역시 이러한 유머를 즐겼다.

6. Kragh, p. 134, 호주 천체물리학자 앤드루 맥켈러에 관한 글을 참조.

7. Ralph Alpher and Robert Herman, "Early Work on 'Big-Bang' Cosmology and the Cosmic Blackbody Radiation," in B. Bertotti, et al., eds. *Modern Cosmology in Retrospect*(Cambridge: Cambridge University Press, 1990),

129-58.

8. Odon Godart and Michael Heller, *The Cosmology of Lemaître*(Tucson: Pachart, 1985), 133.

9. Kragh, *Cosmology and Controversy*, 57-58 참조.

10. 천체물리학자 존 그리빈은 두 사람 모두 1970년대까지 살았더라면 펜지어스와 윌슨이 받은 노벨상을 그 사람이 공동수상했을 것이라 주장했다. John Gribbin, *In Search of the Big Bang*(New York: Bantam, 1986), 193 참조.

8. 물러나는 이론

1. 물리학적으로 완벽하게 정립되었다고 말할 수는 없다. 에딩턴의 1919년 관찰 여행의 결과는 이미 예측된 것이었고 수 년 동안 그에 대한 비판이 있었다. Jean Eisenstaedt, *Einstein and the History of General Relativity*, ed. Don Howard and John Stachel, Vol. 1, Boston: Birkhäuser, 1989, 277-92 참조.

2. Peter G. Bergmann, *Introduction to the Theory of Relativity*(New York: Prentice Hall, 1942), 211.

3. J. Robert Oppenheimer, "Einstein," Review of Modern Physics 28(1956): 1-2. Jean Eisenstaedt, "The Low Water Mark of General Relativity," *Einstein and the History of General Relativity*, Vol. 1(1989), Don Howard, John Stachel, eds. 283.

4. 사실 에딩턴 경은 폭발, 즉 '뱅'이라는 용어를 르메트르가 처음에 제안한 원시 폭발에도 적용했다(Kragh, *Cosmology and Controversy* 참조). 이런 점에서 유추해볼 때 에딩턴 경은 정상우주론에는 관심을 두지 않으면서도 우주 진화에 있어 시간의 시작이라는 개념에 대해서는 냉소적이었던 것 같다.

5. 호일의 논문 해설자는 저자에게 호일의 미망인이 그들의 여행을 회상해주었다고 말했다—기분 좋은 여행이었다. 그들은 빅뱅과 정상우주론에 대해 "서로 다르다는 데 일치했다"는 것 외에 더 이상 자세히는 알 수 없었다. 호일은 그들 관계에 대해 좀 더 개인적인 회상을 남겼으며 이에 대해서는 11장에 실었다.

6. Kragh, *Cosmology and Controversy*, 255.

7. 예를 들면 John North의 다른 저서 *Norton History of Astronomy and Cosmology*(New York: W.W. Norton, 1995), 256.

8. Kragh, *Cosmology and Controversy*, 255.

9. Peter Michelmore, *Einstein: Profile of the Man*(New York: Dodd, Mead,

1962), 253.

10. Fred Hoyle, "Final Remarks," in Chincarini, et. al., *Observational Cosmology*, 694-95.

9. 르메트르 상수의 복귀

1. Robert Kirshner, *The Extravagant Universe*(Princeton, NJ: Princeton University Press, 2002). 커시너는 아인슈타인이 실제로 이 말을 했는지 확신할 수 없다고 적었다. 이 말은 가모프가 자서전 《나의 일생》에 여러 차례 인용했기 때문에 그가 자서전에 극적인 효과를 주기 위해 만들어낸 것으로 알려져 있다. 가모프는 아인슈타인이 자신과 여러 가지 대화를 하는 도중에 이 말을 했다고 주장했다. 그의 '자유롭게 쓴' 자서전 44쪽에는 자신의 지도교수였던 프리드만이 $\Lambda=0$으로 두고 팽창우주 모형을 연구했다는 이야기가 적혀 있다. "그러므로 아인슈타인이 처음에 제시한 중력장방정식은 정확했으며, 이를 수정하려는 것은 잘못이다. 한참 뒤 내가 우주론적 문제들을 두고 논의하는 중에 아인슈타인은 우주상수를 도입한 것이 자신의 일생에서 가장 큰 실수였다고 말했다." 아인슈타인은 이러한 '실수'를 부정했지만 오늘날에도 일부 우주학자들이 이 표현을 종종 이용하며, 그리스어 Λ로 표시되는 우주상수는 아직도 자주 애물단지 취급을 당하고 있다.

2. Pierre Speziali, ed. *Albert Einstein—Michele Besso: Correspondence, 1903-1955*(Paris: Hermann, 1979), 68.

3. 휴고 폰 젤리거(Hugo von Seeliger)와 칼 폰 노이만이 생각난다. 1890년대 중반 그들은 문제를 피해가기 위해 중력을 약간 변형시킬 것을 주장했다. 젤리거는 이것이 수성의 근일점 전진의 문제를 해결하는 방법도 된다고 보았다. Kragh, *Cosmology and Controversy*, 6 참고.

4. Jeremy Bernstein and Gerald Feinberg, *Cosmological Constants*(New York: Columbia University Press), 9.

5. 그리빈은 만약 아인슈타인이 자신의 1917년 중력장방정식에 수반되는 팽창우주를 받아들였다면 허블이 1929년에 발견하기 전에 과학의 역사에서 가장 위대한 예측을 할 수 있었을 것이라고 주장한다.

6. Kragh, *Cosmology and Controversy*, 53.

7. Hermann Weyl, *Space, Time, Matter*(London: Methuen, 1922), 297.

8. Arthur S. Eddington, *The Expanding Universe*(Cambridge: Cambridge University Press, 1933), 24.

9. A. Vibert Douglas, *The Life of Arthur Stanley Eddington*(London: Thomas Nelson and Sons, 1956), 163 참조.

10. 르메트르가 아인슈타인과 주고받은 편지와 논문들은 'Albert Einstein. Archives, the Jewish National and University Library of the Hebrew University of Jerusalem'에 보관되어 있다. 그의 논문은 Paul Arthur Schilpp가 편찬한 *Albert Einstein: Philsopher-Scientist*(London: Cambridge University Press, 1949) 제2권으로 출판되었다.

11. Allan Sandage, "Current Problems in the Extra Galactic Distance Scale," *Astrophysical Journal* 127(1958): 513-26.

12. Alan Guth, *The Inflationary Universe*(Reading, MA: Addison Wesley, 1997), 175.

13. 1923년 헤르만 바일 역시 르메트르 이전에 같은 주장을 했다. 하지만 그는 간접적인 방법을 취했고, 드 시터의 우주에서 나타나는 천체들의 이상한 멀어짐 현상을 실제의 관찰에서 확인하려는 시도가 없었다.

14. Richard C. Tolman, "Effect of Inhomogeneity in Cosmological Models," *Proceedings of the National Academy of Science* 20 (1934): 169-76.

15. 예를 들어, 아담 리스(Adam G. Riess) 등이 2004년 천체물리학잡지에 발표한 논문을 보면, 캘리포니아 주립대학교의 스티브 칼리프(Steve Carlip) 교수가 보낸 e메일을 언급하는데, 압력과 밀도의 우주적 관련이 Λ에 매우 가까운 것으로 보았다.

10. 특이점을 통해 우주를 보다

1. Karl Schwarzschild, "Über das Gravitationsfeld einer kugel aus inkompressibler Flüssigkeit nach der Einsteinschen Theorie," in *Sitzungsberichte der Königlich Preaussischen Akademie der Wissenschaften*(Berlin, 1916), 424-34.

2. Jean Eisenstaedt, "Lemaître and the Schwarzschild Solution," in *The Attraction of Gravitation*, Vol. 5. J. Earman, M. Janssen, J. D. Norton, eds. (Boston: Birkhauser, 1993), 362.

3. Ibid., 366.

4. Georges Lemaître, "L'Univers en Expansion," *Publication du Laboratoire d'Astronomie et de Geodesie de l'Universite de Louvain* 9 (1932): 171-205.

　Later Published in *Annales de Société Scientifique de Bruxelles* 53(1933):
51-85.

5. Tolman, "Effect of Inhomogeneity," 169-76.

6. Hermann Bondi, "Spherically Symmetrical Models in General Relativity,"
Royal Astronomical Society. *Monthly Notices* 107(1947): 410-25.

7. J. L. Synge, "On the Expansion or Contraction of a Symmetrical Cloud
under the Influence of Gravity," National Academy of Sciences. *Procee-
dings* 20(1934): 635-40.

8. J. Robert Oppenheimer and H. Snyder, "On Continued Gravitational Cont-
raction," *Physical Review* 56(1939): 455-59.

9. J. Robert Oppenheimer and G. M. Volkoff, "On Massive Neutron Cores,"
Physical Review 55(1939): 374-81.

10. Jean Eisenstaedt, "Lemaître and the Schwarzschild Solution," 370.

11. Charles W. Misner, Kip S. Thorne, and John Archibald Wheeler, *Gravi-
tation*(New York: Freeman, 1973), 620.

12. Eisenstaedt, "Lemaître and the Schwarzschild Solution," 372.

13. Ibid.

14. Ibid.

15. Ibid., 373.

11. 우주 속의 종교

1. Ernan McMullin "How should cosmology relate to theology?" in A. R.
Peacocke, ed., *The Science and Theology in the Twentieth Century*(Notre
Dame, IN: University of Notre Dame Press, 1981), 53-54.

2. John Cornwell의 *Hitler's Pope*와 David Kertzer'의 *Pope Against the Jews*가
최근의 논쟁.

3. Paul Johnson, *A History of Christianity*(New York: Atheneum, 1976), 503.

4. "Un Ora," *Acta Apostolicae Sedes—Commentarium Officiale*, 44 (1952):
31-43.

5. *Time* 58(Dec. 3, 1951): 75-77.

6. George Gamow, "The role of turbulence in the evolution of the universe,"
Physical Review 86(1592): 251.

7. Hoyle "Final Remarks," in Chincarini, et al., eds. *Observational Cosmology*, 694–95.

8. Lambert, *Un Atom d'Univers*, 280.

9. George Sylvester Viereck, "What Life Means to Einstein," *Saturday Evening Post*, October 26, 1929.

10. "Salvation Without Belief in Jonah's Tale," *Literary Diggest* 115(March 11, 1933): 23.

11. Fred Hoyle, *Man and Materialism*(New York: Harper and brothers, 1956), 218.

12. Kragh, *Cosmology and Controversy*, 253.

13. Fred Hoyle, "Frontiers in Cosmology," in S. K. Biswas, D. C. V. Mallik, and C. V. Vishveshwara, eds., *Comic Prespectives: Essays Dedicated to the Memory of M. K. V. Bappu*(Cambridge: Cambridge University Press, 1989), 101.

14. William B. Bonnor, *The Mystery of the Expanding Universe*(New York: Macmillan, 1964), 117.

15. Lemaître's Solvay talk, "The Primeval atom Hypothesis and the Problem of the Clusters of galaxies," was reprinted in R. Stoops, ed., *La Structure et l'Evolution de l'Univers*(Brussels: Coudenberg, 1958), 1–32.

16. Hoyle "Final Remarks," in Chincarini, et al., eds. *Observational Cosmology*, 695.

용어 해설

균질성 Homogeneity

르메트르나 아인슈타인이 제안한 모형과 같이 초기의 우주 모형에 부여된 특성으로, 물질들이 우주 전체에 거쳐 고르게 분포되어 있다고 가정한다.

도플러 효과 Doppler effect

관찰자에 가까워지는 혹은 멀어지는 방향으로 움직이는 광원에서 나온 빛은 그 파장이 변화한다. 크리스티안 도플러가 1841년에 처음으로 음파의 높낮이 변화를 설명하며 이 용어를 사용했다. 그러나 현대의 천문학자들은 전자기파에서 관찰되는 색깔의 변화에 이를 적용한다. 별이나 은하에서 오는 빛의 스펙트럼이 청색 쪽으로, 즉 파장이 짧은 쪽으로 편이되어 있다면 지구의 그 빛을 내는 별 혹은 은하가 지구의 관찰자를 향해 접근하고 있는 것이며, 반대로 적색 쪽, 즉 스펙트럼에서 파장이 긴 쪽으로 편이되어 있다면 지구의 관찰자로부터 멀어져가고 있다고 본다.

드 시터 모형 De Sitter model

네덜란드의 천문학자인 드 시터가 1917년 제안한 아인슈타인 중력장방정식에 대한 해. (1)아인슈타인의 우주 해가 유일한 것이 아니며, (2)공간적으로 편평하고 무한한 시공간 모형이며 기본적으로 물질이 전혀 존재하지 않는다. 이 모형에서는 시공간 내에 들어온 물질의 입자들이 서로 멀어지는 이상한 효과가 있다. 나중에 르메트르는 드 시터의 해를 다시 해석하여 그것이 사실은 팽창우주의 제한적이지만 첫번째 모형이라고 했다. 프레드 호일은 드 시터의 모델을 기초로 하여 정상우주 모델을 구성했으며, 구스가 1979년에 주장한 급팽창이론도 드 시터의 해를 바탕으로 했다.

드 시터 효과 De Sitter effect
아서 에딩턴이 처음 사용한 용어. 드 시터 모델에서 입자들이 멀어지는 현상과 적색편이를 지칭한다. 그러나 에딩턴뿐만 아니라 드 시터 자신도 그처럼 입자들이 멀어지는 현상을 우주의 팽창에 의한 것으로 생각하지 못했다.

등방성 Isotropy
아인슈타인과 르메트르, 그리고 다른 여러 우주학자들이 주장한 우주의 특성으로, 우주는 모든 방향에서 동일하게 보인다. 우주배경복사의 측정이 이를 뒷받침해준다.

람다 Lambda
우주상수 참고.

르메트르의 모형 Lemaître's model
이 모형에서 우주는 차갑고 고밀도인 씨앗 혹은 '원시원자'에서 시작된다. 그리고 양의 우주상수와 함께 급속히 팽창하다가, 별과 은하가 진화하는 정체기 혹은 '쉬는 시기'를 지나 다시 팽창이 가속된다.

먼지 해 Dust solution
아인슈타인 중력장방정식에 대한 해. 1932년 르메트르가 슈바르츠실트의 해를 재해석하기 위해 제안했다. 액체로 구성된 균일한 밀도의 구를 가정할 경우 압력은 무한대가 되고 슈바르츠실트 한계에서 특이점이 만들어진다. 그 대신 르메트르는 먼지만 있고 압력이 전혀 없는 구를 제안했는데 슈바르츠실트의 한계점에서 만들어지는 특이점은 단지 현상적으로 파악한 것일 뿐이라며, 반경이 붕괴되어 특이점의 반경이 영으로 되는, 즉 $r=0$인 모형이 이론적 성립될 수 있다고 주장하였다. 로버트 오펜하이머는 1932년 르메트르의 해를 이용하여 나중에 블랙홀로 불리게 되는 모델을 처음으로 제안했다.

분광학 Spectroscopy

스펙트럼에 대한 연구. 19세기에 태양과 별에서 나오는 빛의 스펙트럼에는 그 천체를 구성하는 화학적 원소에 해당하는 흡수선이 나타나는 것이 발견되었다. 이러한 선들이 실험실에서 관찰할 수 있는 화학물질의 특징적인 흡수선들에 해당한다면 그 빛을 내는 별이나 가스성운들의 화학적 구성을 추정할 수 있다.

빅뱅 Big Bang

프레드 호일이 1950년 우주의 특성에 관한 라디오 강좌에서 처음으로 사용한 용어다. 호일은 우주의 상대론적 모델을 이 용어로 설명했는데, 르메트르나 가모프가 주장한 것과 같이 초고농도로 압축된 상태 혹은 특이점에서 우주의 진화가 시작되는 대폭발을 의미한다.

세페이드 변광성 Cepheid variable

시간에 따라 밝기가 변하는 별인 델타 세페우스의 이름에서 따온 변광성의 한 유형. 1912년 헨리에타 스완 리비트가 세페이드 변광성들의 맥동 주기와 그 밝기 사이에는 거의 일정한 비례관계가 있음을 발견했다. 즉 맥동의 주기가 길수록 더 밝다. 세페이드 별까지의 거리를 측정하면 그 별이 발견된 다른 은하까지의 거리를 매우 효과적으로 계산할 수 있다. 1925년 에드윈 허블은 M31, 즉 안드로메다성운에서 발견한 세페이드 변광성을 이용하여 지구로부터 성운까지의 거리를 80만 광년으로 계산했다. 이로부터 우리 은하수의 일부로 생각되던 안드로메다성운이 사실은 독립적인 별개의 은하임을 확신하게 되었다.

슈바르츠실트 해 Schwarzschild solution

아인슈타인의 일반상대성이론적 중력장방정식에 대한 최초의 완전한 해. 독일의 천문학자인 슈바르츠실트가 1916년 사망하기 얼마 전에 발표했다. 슈바르츠실트는 균질한 액체 상태의 우주에서는 천체의 반경이 $r=2GM/c^2$(G=중력상수, M=천체의 질량, c=빛의 속도)까지 수축되는 특이점이 발생할 수 있다고 주장했다. 이제는 이러한 반경을 블랙홀에서 '사건의 지평선'이라 부르는데, 이 반경에서는 빛조차도 별을 빠져 나올 수 없다. 르메트르는 나중에 특이점의 이와 같은 반경은 단지 피상적인 것일 뿐이며, 다른 좌표와 가정을 적용하면 $r=0$인 특이점이 가능함을 보여주었다.

스펙트럼 Spectrum, 분광

전자기파(빛)가 파장에 따라 펼쳐져서 분포된 모양. 천문학자들은 별이나 은하에서 오는 빛의 스펙트럼을 이용해 화학적 구성, 적색편이, 거리 그리고 겉보기속도를 알아낸다.

시공간 Space-time

일반상대성이론에 의한 4차원 좌표 체계. 시공간은 3차원 공간의 좌표축(x, y, z)과 시간축(t)으로 이루어진다.

아인슈타인의 정적인 상태 Einstein static state

아인슈타인이 1917년 논문에서 제안한 우주 모형이다. 정적이면서 4차원적인 구의 형태로 우주상수에 의해 붕괴되지 않고 균형을 유지하며 물질은 한정되어 존재하지만 시공간의 경계는 없다.

에딩턴 모형 Eddington model

르메트르-에딩턴 모형이라고 한다. 초기 아인슈타인의 정적인 상태에서 팽창하여 드 시터의 텅 빈 우주 모형으로 가속된다고 보는 우주 모형으로 르메트르가 처음에 생각했던 형태다. 나중에 르메트르가 우주의 기원으로 원시원자이론을 제안한 이후에도 에딩턴을 포함한 많은 우주학자와 천문학자들은 이러한 우주 모형을 더 선호했다. 이 모형에는 시간의 시작이라는 개념이 포함되지 않았기 때문이다.

우주배경복사 Cosmic microwave background radiation

우주의 모든 방향에서 낮게 웅성거리는 것으로 감지되는 복사파로 그 온도는 절대온도 0도를 약간 넘는 $3°K$(켈빈, 절대온도 단위)으로 측정된다. 1948년에 가모프와 앨퍼, 그리고 허먼이 빅뱅 이후 매우 뜨거운 상태였던 초기 우주가 남긴 자국으로 그 존재를 예측했다. 우주가 팽창함에 따라 수십억 년에 걸쳐 복사파는 냉각되어 현재 희미한 마이크로파(microwave)로 감지된다. 1965년 펜지어스와 윌슨이 우연히 발견했으며 빅뱅이론을 뒷받침하는 확고한 증거로 자리 잡았다.

우주상수 Cosmological constant

람다(Λ 혹은 λ)로 표시한다. 아인슈타인이 1917년 일반상대성이론의 중력장 방정식에 대한 초기 우주의 해를 구하면서 정적인 균형을 유지하기 위해 사용했다. 아인슈타인은 우주상수가 없으면 자신이 생각한 구형의 우주 모델이 공기가 빠져나가는 풍선처럼 스스로 붕괴해야 한다고 생각했다. 그는 중력장방정식 왼쪽에 이 상수를 도입하여 풍선을 부풀린 상태로 유지하거나 시공간 형태를 '지탱'해주었다. 하지만 르메트르는 나중에 이를 재해석하여 방정식의 오른쪽에 이를 도입하고, 스트레스-에너지와 그것이 시공간의 휘어짐에 영향을 주는 음압의 척도로 보았다. 그 이후 우주상수는 이러한 의미로 해석되고 있다.

우주의 팽창 Expansion of the universe

아인슈타인의 일반상대성이론 중력장방정식에 의해 제안되는 우주공간의 팽창. 알렉산더 프리드만은 1922년 아인슈타인 중력장방정식을 적용하면 팽창이 자연적인 결과가 됨을 제시했다. 하지만 아인슈타인은 이에 동의하지 않고 르메트르가 독립적으로 이 모형을 좀 더 엄격한 이론으로 다시 제안할 때까지 프리드만을 무시했다.

원시원자 가설 hypothesis de l'atom primitif

르메트르는 우주가 모든 물질과 에너지가 초고농도로 농축된 하나의 차가운 점에서 시작하여 팽창한다고 주장하고 그 시작의 점을 원시원자로 불렀다. 좀 더 정확하게는 '우주의 알'이라고도 표현한다.

일반상대성이론 General theory of relativity

아인슈타인이 발표한 보편적 중력에 관한 이론이다. 중력을 단지 힘으로만 보지 않고 시간과 공간의 특성을 가진 기하학적 용어로 정의했다. 공간의 기하학 혹은 시공간의 휘어짐은 질량과 에너지의 존재에 의해 결정된다. 상대성이론을 적용하면 거대한 질량을 가진 물체가 존재할 경우 빛이 휘어지고 거대한 물체의 중력장 내에서는 시계가 느려지는 현상이 나타날 것으로 예상할 수 있다. 아인슈타인은 일반상대성이론이 우주론에서 매우 중요한 역할을 할 것으로 일찍부터 생각했다. 그는 기하학적 이론인 일반상대성이론을 구축하면서 현존하는 모든 물질들의 총합으로 우주의 모형을 제안했다. 이것은 20세기 우주론의 새로운 장을 열어 엄격한 과학으로 발전하는 계기가 되었다.

적색편이 Redshift

천체(별이나 은하)에서 오는 빛의 스펙트럼선이 적색 말단 쪽으로 가 있는(편이) 현상으로 그 천체까지의 거리와 천체의 멀어지는 속도를 말해준다. 천문학자들은 그와 같은 편이가 도플러 효과 때문인 것으로 해석한다. 즉 관찰자를 향해 혹은 관찰자에게서 멀어지는 방향으로 움직이는 물체에서 나오는 파장은 그 특성이 변화한다.

정상우주론 Steady state theory

1948년 호일이 골드, 본디와 함께 주장한 우주이론으로, 아리스토텔레스와 마찬가지로 우주가 본질적으로 시간과 공간을 초월하여 변함이 없다고 본다. 호일, 본디 그리고 골드는 시간적 시초가 있다는 빅뱅이론에 반대하며, 우주는 드 시터가 생각한 형태와 비슷하게 팽창하고 있지만 빈 공간에서 수소 원자의 형태로 물질이 계속해서 창조되므로 우주가 같은 모습으로 영속될 수 있다고 주장했다. 이 이론은 1950년대에 영국에서 어느 정도 지지를 받았지만 1960년대 초 퀘이사의 발견 등 천문학에서의 여러 발전들은 먼 과거의 우주가 현재의 우주와는 크게 다른 모습일 것이라는 주장에 힘을 실어주었다. 호일은 그 후에도 계속 자신의 이론을 수정하며 보완했지만 마침내 우주배경복사가 발견됨으로써 정상우주론은 설득력을 잃게 되었다.

초신성 제1a형 Type Ia supernovae

별이 진화의 최종 단계에서 죽어가면서 격렬하게 폭발하는 모습. 쌍을 이룬 백색왜성으로 물질의 유입이 발생하여 태양의 약 1.4배 정도인 특정 한계질량(인도계 미국 천문학자인 수브라마니안 찬드라세카르의 이름을 따서 '찬드라세카르의 한계'라 부른다)에 도달하면 폭발하게 된다. 그러한 초신성의 밝기는 그 별이 발견된 은하 전체보다도 더 밝다. 제1a형 초신성의 밝기를 이용하면 세페이드 변광성을 이용할 때보다 더 정확하게 외부 은하까지의 거리를 추정할 수 있다.

초신성 제2형 Type II supernovae

질량이 최소한 태양의 8배 이상인 별이 폭발하는 모습. 핵융합이 모두 일어나서 별의 중심이 철과 무거운 원소들이 되면, 별은 중력붕괴의 힘에 맞서 지탱시켜주는 에너지를 공급하는 융합을 더 이상 계속할 수 없게 된다. 별의 중심부는 뭉쳐서 중성자별이나 블랙홀이 되고, 가벼운 원소로 된 바깥 부분은 초속 수천 킬로미터의 속도로 우주공간으로 날아간다.

특수상대성이론 Special theory of relativity

아인슈타인이 두 가지 원리—a)광원의 속력과 상관없이 빛의 속도는 일정하다. b)모든 관성계, 즉 정지해 있거나 동일한 속력으로 움직이는 좌표 시스템에서 적용되는 물리학의 법칙들—를 결합시킨 이론. 이 이론으로부터 도출되는 결과는 다음 두 가지다. (1)상대방에 대해 움직이고 있는 서로 다른 좌표계에 있는 관찰자들은 제3의 좌표계에 있는 관찰자와는 사건의 시간을 다르게 기록하게 된다. (2)에너지는 질량에 빛의 속도를 제곱하여 곱한 값과 같다.

특이점 Singularity

아인슈타인의 일반상대성이론에서 하나 혹은 그 이상의 요소가 모두 무한의 값을 가지며 방정식이 더 이상 성립할 수 없게 되는 수학적 지점. 블랙홀이 그 예로, 시공간 자체의 휘어짐이 무한으로 커진다. 아인슈타인은 관념적으로 특이점이 자신의 이론에서 약점이 될 수 있다고 생각했기 때문에, 르메트르에게 중력장방정식에서 특이점을 피할 수 있는 해를 구해보도록 요청했다.

허블상수 Hubble constant

H_0로 표시하는 우주팽창속도의 추정값이다. 천문학자들은 이를 메가파섹(megaparsec, 천체의 거리를 나타내는 단위. 259광년에 해당한다) 떨어진 거리에서 1초당 킬로미터로 측정한다. 현재는 1메가파섹 거리당 초속 70킬로미터 정도로 추정한다. 다르게 표현하면 100만 광년의 거리에서 초당 20킬로미터다.

허블시간 Hubble Time

허블상수의 역수를 이용하여 추정한 우주의 나이. 르메트르가 원시원자이론을 제안했을 때 허블시간은 약 20억 년 정도로 작게 추정되었다. 나중에 허블의 거리 추정값은 다시 계산되어 1948년에 40억 년까지 늘어났으며, 팔로마산 천문대에서 허블의 후임이 된 앨런 샌디지는 이를 100억 년으로 추정했다. 현재 허블시간은 100억 년에서 200억 년 사이로 생각된다.

허블의 법칙 Hubble's law

은하가 멀어지는 속도는 적색편이 정도로 결정하는데 거리에 비례한다. 멀리 떨어진 은하일수록 멀어지는 속도가 빠르다. 이를 수식으로 표시하면 다음과 같다. $v=H_0 \times r$(v=은하가 멀어지는 속도, H_0=허블상수, r=은하까지의 거리). 르메트르는 1927년에 발표한 논문의 기존 데이터에서 이미 허블의 법칙을 도출했는데, 허블이 은하가 멀어지는 것에 관한 논문에서 그 법칙을 제시하기 2년 전이었다.

참고문헌

르메트르의 일생과 연구에 대해 좀 더 알고자 하는 분들은 다음에 소개된 문헌들을 참고할 수 있다. 현재 구하기 어려운 책자들도 일부 있지만 대부분은 도서관에 가면 찾아볼 수 있다.

- Helge Kragh, *Cosmology and Controversy*(1996). 20세기 우주론에 관한 우수한 개론서로 조금 전문적이다. '르메트르 및 그가 미친 영향'에 관한 단원이 있다.
- Dominique Lambert가 쓴 르메트르 전기인 *Un Atome d'Univers*(2000). 프랑스 어판만 있으며 르메트르의 연구 및 일생뿐만 아니라 그의 가족에 대한 이야기를 상세하게 싣고 있다. 르메트르의 우주론적 관심사들이 풍부하게 담겨 있다.
- Odon Godart, *Cosmology of Lemaître*(1985). 마이클 헬러(Michael Heller)가 쓴 것으로 우수한 개괄서이며 르메트르에 대한 고다르 자신의 개인적 회상도 실려 있다. 현재 절판된 상태지만 대학 도서관에 가면 빌릴 수 있다.
- 르메트르 자신의 마지막 저서인 *The Primeval Atom*(1950). 절판되었으나 대학도 서관에 가면 구할 수 있다. 르메트르가 회상하며 쓴 책으로 전문적인 부분은 조금 과장되게 서술되어 있다.

Alpher, Ralph A., and Robert Herman. *Genesis of the Big Bang*. Oxford: Oxford University Press, 2001.

———. "Early Work on 'Big-Bang' Cosmology and the Cosmic Blackbody Radiation." In B. Bertotti, et al., eds. *Modern Cosmology in Retrospect*.

Cambridge: Cambridge University Press, 1990.

Barrow, John D. *The Origin of the Universe.* New York: Basic Books, 1994.

Berger, André, ed. *The Big Bang and Georges Lemaître: Proceedings of a Symposium in Honour of G. Lemaître Fifty Years after His Initiation of Big-Bang Cosmology.* Dordrecht: D. Reidel, 1984.

Bergmann, Peter G. *Introduction to the Theory of Relativity.* New York: Prentice Hall, 1942.

Bernstein, Jeremy, and Gerald Feinberg. *Cosmological Constants: Papers in Modern Cosmology.* New York: Columbia University Press, 1986.

Bodanis, David. $E=mc^2$. New York: Walker & Company, 2000.

Bondi, Hermann. "Spherically Symmetrical Models in General Relativity." Royal Astronomical Society. *Monthly Notices* 107(1947).

Bonnor, William B. *The Mystery of the Expanding Universe.* New York: Macmillan, 1964.

Brian, Denis. *Einstein: A Life.* New York: John Wiley & Sons, 1996.

Brown, Dan. *Angels and Demons.* New York: Pocket Books 2000.

Chincarini, Guidoi, et al., eds.. *Observational Cosmology: International Symposium, Held in Milano, Italy, 21-25 September 1992.* San Francisco: Astronomical Society of the Pacific, 1993.

Clark, Ronald. *Einstein: The Life and Times.* New York: Avon Discus, 1971.

Christianson, Gale E. *Edwin Hubble: Mariner of the Nebulae.* New York: Farrar, Straus, and Giroux, 1995.

Danielson, Dennis Richard. *Book of the Cosmos: Imagining the Universe from Heraclitus to Hawking.* New York: Helix Books, 2000.

Deprit, Andre. "Monsignor Georges Lemaître" in *The Big Bang and Georges Lemaître.* Boston: D. Reidel, 1984.

De Sitter, Willem. "On Einstein's Theory of Gravitation and Its Astronomical Consequences." *Monthly Notices of the Royal Astronomical Society* 78 (1917).

Dicke Robert H. *Gravitation and the Universe.* Philadelphia: American Philosophical Society, 1970.

Dirac, P.A.M. "The Scientific Work of Georges Lemaître." *Pontificiae*

Academiae Scientarum Commentarii, vol. Ⅱ, no. 11(1968).

Douglas, A. Vibert. *The Life of Arthur Stanley Eddington*. London: Thomas Nelson and Sons, 1956.

Dukas, Helen and Banesh Hoffmann. *Albert Einstein: Creator and Rebel*. New York: New American Library, 1972.

Earman, John, Michel Janssen, and John D. Norton, eds. *The Attraction of Gravitation: New Studies in the History of General Relativity*. Einstein Studies, Vol. 5. Boston: Birkhauser, 1993.

Eddington, Arthur Stanley. *The Expanding Universe*. Cambridge: Cambridge University Press, 1933.

————. "The End of the World: From the Standpoint of Mathematical Physics," *Nature* 127(1931).

————. *Mathematical Theory Relativity*. Cambridge: Cambridge University Press, 1924.

————. *Space, Time, and Gravitation: An Outline of the General Relativity Theory*. Cambridge: Cambridge University Press, 1920.

Eisenstaedt, Jean. "Lemaître and the Schwarzschild Solution,"in *Studies in the History of General Relativity*, ed. J. Eisenstaedt, A. J. Kox. Boston: Birkhäuser, 1992.

Ferguson, Kitty. *Measuring the Universe: Our Historic Quest to Chart the Horizons of Space and Time*. New York: Walker, 1999.

Ferris, Timothy. *The Whole Shebang: A State-of-the-Universe(s) Report*. New York: Touchstone, 1997.

Fölsing, Albrecht. *Albert Einstein: A Biography*. New York: Penguin Books, 1997.

Gamow, George. *My World Line: An Informal Autobiography*. New York: Viking Press, 1970.

————. *Creation of the Universe*. New York: Viking, 1961.

————. "The Role of Turbulence in the Evolution of the Universe," *Physical Review* 86(1592).

Godart, Odon. "Contributions of Lemaître to General Relativity." In *Studies in the History of General Relativity*, ed. J. Eisenstaedt, A. J. Kox.

Boston: Birkhäuser, 1992.

Godart, Odon, and Michael Heller. *The Cosmology of Lemaître*. Tucson: Pachart, 1985.

Gontard, Friedrich. *The Chair of Peter: A History of the Papacy*. Trans. A. J. and E. F. Peeler. New York: Holt, Rinehart and Winston, 1964.

Gribbin, John. *In Search of the Big Bang: Quantum Physics and Cosmology*. New York: Bantam books, 1986.

Guth, Alan. *The Inflationary Universe: The Qust for a New Theory of Cosmic Origins*. Reading, MA: Addison-Wesley, 1997.

Harrison, Edward Robert. *Cosmology: The Science of the Universe*. 2nd ed. Cambridge: Cambridge University Press, 2000.

Hawking, Stephen W., Kip S. Thorne, et al. *The Future of Spacetime*. Intro. Richard Price. New York: W. W. Norton, 2002.

Heller, Michael. *Lemaitre: Big Bang and the Quantum Universe*. Tucson: Pachart, 1996.

Hoyle, Fred. *Man and Materialism*. New York: Harper and Brothers, 1956.

————. *The Nature of the Universe*. New York: Harper & Row, 1950.

————. "Frontiers in Cosmology," in *Cosmic Prespectives: Essays Dedicated to the Memory of M. K. V. Bappu*, ed. S. K. Biswas, D. C. V. Mallik, C. V. Vishveshwara. Cambridge: Cambridge University Press, 1989.

Howard, Don and John Stachel, eds. *Einstein and the History of General Relativity*. Boston: Birkhäuser, 1989.

Hubble, Edwin. "A Relation Between Distance and Radial Velocity Among Extra-Galactic Nebulae." *Proceeding of the National Academy of Science* 15 (1929).

Jaki, Stanley L. *Science and Creation: From Eternal Cycles to an Oscillating Universe*. Edinburgh: Scottish Academic Press, 1986.

————. *Is There a Universe?* New York: Wethersfield Institute, 1993.

Johnson, Paul. *A History of Christianity*. New York: Atheneum, 1976.

Kirshner, Robert. *The Extravagant Universe: Exploding Stars, Dark Energy, and the Accelerating Cosmos*. Princeton, NJ: Princeton University Press, 2002.

Kragh, Helge. *Quantum Generations: A History of Physics in the Twentieth Century.* Princeton, NJ: Princeton University Press, 1999.

———. *Cosmology and Controversy: The Historical Development of Two Theories of the Universe.* Princeton, NJ: Prineton University Press, 1996.

Lambert, Dominique. *Un Atome d'Univers: La Vie et L'Oeuvre de Georges Lemaitre.* Brussels: Racine, 2000.

Lemaître, Georges. "Chronique: Recontres avec A. Einstein," *Revue des Questions Scientifique* 129(1958).

———. *The Primeval Atom: An Essay on Cosmogony.* trans. Betty H. and Serge A. Korff. Toronto: D. Van Nostrand, 1950.

———. "The Beginning of the World from the point of view of quantum theory," *Nature* 127(1931).

———. "A Homogeneous Universe of Constant Mass and Increasing Radius Accounting for the Radial Velocity of Extragalactic Nebulae." *Annales de Société Scientifique de Bruxelles* 47(1927).

———. "L' Univers en Expansion," in *Publication du Laboratoire d'Astronomie et de Géodesie de l'Universite de Louvain* 9(1932).

———. "Note on de Sitter's Universe," *Journal of Mathematical Physics* 4(1925).

[Lemaître, Georges] Pietro Salviucci. *L'Academie Pontificale des Sciences en Memoire de Son Second President Georges Lemaître a L'Occasion du Cinquieme Anniversaire de Sa Mort.* Rome: Pontificia Academia Scientiarum, 1972.

Levy, David H., ed. *Scientific American Book of the Cosmos.* New York: St. Martin's Press, 2000.

Lightman, Alan. *Ancient Light: Our Changing View of the Universe.* Cambridge: Harvard University Press, 1991.

Lightman, Alan, and Roberta Brawer. *Origins: The Lives and Worlds of Modern Cosmologists.* Cambridge: Harvard University Press, 1990.

Literary Digest (no author listed). "Salvation Without Belief in Jonah's Tale." *Literary Diges* 115 Number 10(1933).

Livio, Mario. *Accelerating Universe: Infinite Expansion, the Cosmological*

Constant, and the Beauty of the Cosmos. New York: Wiley, 2000.

Mather, John C., and John Boslough. *The Very First Light: The True Inside Story of the Scientific Journey Back to the Dawn of the Universe.* New York: Basic Books, 1996.

Michelmore, Pete. *Einstein: Profile of the Man.* New York: Dodd, Mead, 1962.

Misner, Charles W., Kip S. Thorne, and John Archibald Wheeler, *Gravitation.* New York: Freeman, 1973.

Munitz, Milton K. *Theories of the Universe: From Babylonian Myth to Modern Science.* New York: Free Press, 1957.

North, J. D. [John David]. *The Measure of the Universe: A History of Modern Cosmology.* New York: Dover 1990[1965].

————. *Norton History of Astronomy and Cosmology.* New York: W.W. Norton, 1995.

Oppenheimer, J. Robert, and H. Snyder, "On Continued Gravitational Contraction," *Physical Review* 56(1939).

Oppenheimer, J. Robert, and G. M. Volkoff, "On Massive Neutron Cores," *Physical Review* 55(1939).

Pais, Abraham. *"Subtle Is the Lord—": The Science and Life of Albert Einstein.* Oxford: Oxford University Press, 1982.

Peacocke, A. R.[Arthur Robert], ed. *The Science and Theology in the Twentieth Century.* Notre Dame, IN: University of Notre Dame Press, 1981.

Rees, Martin. *Just Six Number: The Deep Forces that Shape the Universe.* New York: Basic Books, 2000.

Sandage, Allan. "Current Problems in the Extra Galactic Distance Scale," *Astrophysical Journal* 127 (1958).

Schutz, Bernard F. *A First Course in General Relativity.* Cambridge: Cam ∟-bridge University Press, 1990.

Schilpp, Paul Arthur, ed. *Albert Einstein: Philosopher-Scientist.* London: Cambridge University Press, 1949.

Seife, Charles. *Alpha and Omega: The Search for the Beginning and End of the Universe.* New York: Viking, 2003.

Shapley, Harlow. *A Source Book in Astronomy, 1900-1950.* Cambridge: Harvard University Press, 1979[1960].

Silk, Joseph. *The Big Bang.* 3rd ed. New York: W. H. Freeman, 2001.

Smoot, George, and Keay Davidson. *Winkles in Time.* New York: William Morrow, 1993.

Speziali, Pierre, ed *Albert Einstein—Michele Besso: Correspondence, 1903-1955.* Paris: Hermann, 1979.

Synge, J. L. "On the Expansion or Contraction of a Symmetrical Cloud under the Influence of Gravity," National Academy of Sciences. *Proceedings* 20(1934).

Tauber, Gerald. *Albert Einstein' s Theory of General Relativity: Sixty Years of Its Influence on Man and the Universe.* New York: Crown, 1979.

Tolman Richard C. Relativity, *Thermodynamics, and Cosmology.* Oxford: Clarendon Press, 1934.

————. "Effect of Inhomogeneity in Cosmological Models," *Proceedings of the National Academy of Science* 20(1934): 169-76.

Viereck, George Sylvester. "What Life Means to Einstein." *Saturday Evening Post,* October 26, 1929.

Weinberg, Steven. *The First Three Minutes: A Modern View of the Origin of the Universe.* New York: Bantam Books, 1977.

Weyl, Hermann. *Space, Time, Matter.* Trans. Henry L. Bros. London: Methuen, 1922.

Zimmer, H. *Myths and Symbols in Indian Art Civilization.* New York: Pantheon Books, 1946.

과학, 특히 천문학과 우주론에 관심이 많았던 역자는 고등학교 때 뉴턴의 중력에 대해 배우면서, 우주의 천체들이 중력으로 서로 잡아당긴다면 서로에게 점점 다가가서 결국 한 점으로 붕괴되어야 하는데 그렇게 되지 않는 이유가 무엇일까 궁금하게 생각했었다. 아인슈타인에게도 이것은 문제였다. 그래서 그는 서로 밀어내는 힘인 우주상수라는 개념을 자신의 중력장방정식에 도입함으로써 우주의 붕괴를 막고 우주를 정지된 상태로 유지하려 했다. 그러나 곧 우주의 팽창이 확인되자 그는 팽창만으로 우주의 붕괴를 막을 수 있다고 생각하고 우주상수의 도입이 자신의 일생에서 가장 큰 실수였다고 말했다.

그 후 과학자들은(이들은 아인슈타인을 절대적으로 신봉한 학자들이었다) 우주상수가 없다고 받아들였다. 즉 우주상수 값을 0으로 생각한 것이다. 그렇게 볼 때 우주의 팽창속도는 중력에 의해 점차 감소해야 했으며 과학자들은 이를 실제로 확인하기 위해 노력했다. 그러나 1998년 초신성에 대한 관측 결과 우주의 팽창속도는 빅뱅 후 70억 년까지는 예상대로 감소했지만 그 후부터는(그리고 현재에도) 오히려 팽창이 빨라지고 있음을 확인했다. 천체들이 중력을 통해 서로 잡아당기고 있는데 오히려 더 빠르게 멀어지는 이유는 무엇일까? 이 문제를 해결하기 위해 아인슈타인이 처음 제안한 우주상수가 다시 도입된다. 서로 밀어내는 힘인 우주상수의 존재가 다시 인정된 것이다.

20세기 초부터 말까지 우주론은 아인슈타인이 생각했던 정지된 상태의 우주에서 빅뱅과 팽창우주로, 그리고 현재와 같은 급팽창 우주로 거의 한 세기 동안 숨 가쁘게 발전해 왔다. 그러나 20세기 초반에 앞으로 전개될 모든 우주이론과 관측 결과들을 예견한 사람이 있었으니 벨기에의 가톨릭 신부 조르주 르메트르였다.

이 책은 신을 믿고 따르는 신부이면서도 가장 무신론적 주제인 우주의 시작과 진화를 연구한 르메트르의 일생과 학문을 다룬다. 과학저술가인 저자 존 파렐(John Farrell)은 어려운 과학 및 수학 이론을 쉽게 설명하면서 우리를 우주의 시초인 무한대 온도와 밀도의 원시원자로 데려간다. 그리고 그곳으로부터 멀리 아무것도 없이 절대온도 0도에 가까운 우주의 끝까지 흥미로운 여행을 안내한다. 폭발과 팽창, 감속 그리고 가속을 거듭하는 우주의 시간여행을 즐겼기를 바란다. 또한 그 과정에서 우주 속에 존재하는 인간의 삶에 대한 성찰까지 함께한다면 더 없이 좋을 것이다.

2009년 5월

진 선 미

찾아보기